三菱モータースポーツ史

ダカールラリーを中心として

廣本　泉

グランプリ出版

モータースポーツ活動から得られたこと

増岡　浩

三菱自動車工業株式会社
理事
広報部　チーフエキスパート
第一車両技術開発本部　システム実験部　担当部長
ラリーアートビジネス推進室　担当部長

　三菱自動車工業（以下三菱）は1962年のマカオグランプリを皮切りに、これまで長きにわたって国内外のモータースポーツに参戦してきたが、その活動のおかげで多くのものを得ることができた。

　まず、最大のメリットが三菱における技術の進化である。なかでもパリ・ダカールラリー（通称パリダカ）はパジェロの開発と育成にとって最適なフィールドだった。もともとパリダカ参戦は、パジェロというニューモデルのPR活動としてスタートしたのだが、パジェロは車両重量が軽く、砂地でも軽快に走れることもあって初参戦となった1983年の大会で市販車無改造クラスを制覇した。もちろん、出場するたびに多くの課題が見つかり、その対策を施すことでパジェロはどんどん強くなり、押しも押されもせぬクロスカントリー車両に仕上がっていった。これはWRCも同じで、ギャラン／ランサーエボリューションの開発を通して多くの技術が生み出されていった。

　この活動を通して多くの人材が育っていったことも大きなメリットだった。若いエンジニアが現場に来て、様々な経験を重ねたおかげで、社内で先行技術を開発できるスタッフが育成された。私もグループAの時代はテストコースで耐久性を確認していたから、いつも岡崎のエンジニアがどんなクルマを作るのかが楽しみだった。

　さらにマーケティングにおいてもその効果は絶大だった。海外でモータースポーツ活動を始める前は、それほど三菱の知名度は高くなかったと思う。モータースポーツの場で結果を出すことはブランドイメージの向上に最適な手段となった。

とくにクロスカントリーラリー競技の頂点である、パリダカでの反響は大きかった。当時は日本でも多くのメディアが報道していたこともあって、モータースポーツに興味がない人でもパリダカは正月に砂漠を走るレースということを知っていたし、海外での人気も抜群だった。私は1987年に初めてパリダカに参戦したが、フランスのパリのベルサイユ宮殿からマルセイユまでの沿道には人が途切れないほどギャラリーが並んでいた。それだけ盛り上がっていたからこそ、三菱はモータースポーツ活動を通して世界中に多くのファンを得ることができたと思う。

　私が三菱に関わったのはパジェロが誕生した1982年で、当時は三菱チームのドライバーとして国内のオフロードレースに参戦した。その後、三菱のモータースポーツ活動をサポートする会社として1984年にラリーアートが設立され、パーツの開発を行うと同時に国内外のユーザーサポートを展開していた。私も当時はパジェロの開発を担当していて、ラリーアートから開発のために「壊してもいいからとにかく走れ」という指令で国内のオフロードレースに参戦していたが、同時に「勝たなければいけない」という使命感もあった。このような環境でパジェロの改良を重ねてきたから、パジェロは初参戦のパリダカでもノントラブルで勝利できたのである。また、そうすることで多くのエンジニアが育っていった。

　私はこのように国内のオフロードレースに参戦してきたが、当初は家業に従事しながらの活動だった。転機となったのは1987年に初めて参戦したパリダカだった。その時にプロドライバーになることを決意して、自費でフランスへ渡った。3年間修理工場でメカニックとして働きながら言葉を覚え、ドライバーとしての修行をする計画だったが、給料がもらえずに1年で帰国せざるを得ない状況となった。その時、当時のラリーアート社長だった近藤昭さんが「いま帰ったらもったいない。ラリーアートの社員になって、そのままフランスでがんばれ」と言ってくれた。その結果、私は1990年から2002年まで12年間はラリーアートの社員ドライバーとして活動できた。そのことは今でも感謝している。2003年から最後のダカールラリーとなった2009年まではMMSP（ミツビシ・モータース・モーター・スポーツ）の契約ドライバーとして活動。三菱がダカールラリーでの活動を休止し、ラリーアートが事業を停止してからは、三菱の商品企画部に入りアドバイザーとなって今日に至っている。

2014年のパイクスピークに参戦
した「MiEV Evolution Ⅲ」と、
ドライバーを務めた増岡浩。

　振り返れば、三菱およびラリーアートは常にチャレンジスピリットを持っていた。パリダカでの活動が終わった後も、そのスピリットは様々な面で受け継がれている。

　その一例が、パイクスピーク・インターナショナル・ヒルクライムである。レース出場車のi-MiEVエボリューションは量産車のモーターを使用していたので、パワーや回転数などの性能向上のほか、制御の開発に力を注いでいた。これなどはまさしくチャレンジングなフィールドで基本性能をどこまで発揮できるかへの挑戦だった。そして、その成果はS-AWC（スーパーオールホイールコントロール）にフィードバックされた。

　モータースポーツ活動によって市販車の技術が進化する。その結果、三菱の最新市販車ラインナップは天候や路面を問わず、より確実かつ安全に目的地に着けるクルマになっていると自負している。4輪制御もAWC（オールホイールコントロール）思想のもと、ギャランVR-4やランサーエボリューションによって発展してきた。

　2021年にラリーアートの復活を宣言し、アクセサリーパーツの開発・販売のほか、アジアンクロスカントリーラリーからモータースポーツ活動のサポートを再開した。技術的なフィードバックはもちろん、若い技術者が経験できる場をつくることで技術を踏襲し、どのクルマでもさらに安全に楽しく走れるようにしてゆきたい。

　本書で三菱のこれまでのモータースポーツ活動を振り返っていただくとともに、今後の三菱とラリーアートの活動や市販車のさらなる進化に期待してほしい。

ダカールラリーで大会7連覇を達成

1983年ダカールラリー。1982年5月
発売された新型クロスカントリー4WD
デル、パジェロの宣伝活動として三菱は
5回大会に初参戦を果たした。参戦台
385台のうち、ゴールに辿り着いたの
123台と過酷な大会だったが、アンド
ー・コーワン（写真）が総合11位で完
市販車無改造クラスで勝利を飾った。

1984年ダカールラリー。三菱はより広範な
造が行える市販車改造クラスにステップ
ップ。ベース車両もキャンバストップからメ
ルトップへ変更したほか、エンジンも北米向
スタリオンの4G54型2.6Lターボが搭載
ていた。その結果、コーワン（写真）が総
3位で完走。市販車改造クラスで勝利を獲
た。

1985年ダカールラリー。クロスカントリーとはいえ高速化が進んできたことから菱もプロトタイプ仕様のパジェロを初投入。販車のラダーフレームを踏襲しながらも2〇kgの軽量化とエンジンを改良した結果、ヒジローバーから移籍したパトリック・ザニ□（写真）が同大会を制し、三菱は参戦3年目□て日本メーカー初の総合優勝を獲得した。

1987年ダカールラリー。プジョー勢が躍進するなか、前大会でデビューした篠塚建次郎（写真）が安定した走りを披露、日本人ドライバーとして初めて総合3位となった。

1988年ダカールラリー。10回目の開催を迎えた同大会でも日本ドライバーの篠塚（写真）が躍進。マシンは1987年型モデルだ□が、自己最高位となる2位入賞を果たした。

1990年ダカールラリー。1989年同桥405ターボ16を投入したプジョー勢が躍□市販車のラダーフレームを活かしたマシン投入した三菱勢は後塵を浴びることとなⅰが、それでも4G63型2.2Lターボを搭載しアンドリュー・コーワン（写真）が安定した走で4位完走を果たした。

〇〇1年ダカールラリー。三菱はマルチ
チューブラーフレーム構造を採用した新
型パジェロ・プロトタイプを投入。シトロエ
ンとの一騎打ちとなるなか、日本人ドライ
バーの篠塚建次郎(写真)が転倒。しかし、
ピエール・ラルティーグが2位で入賞した。

〇92年ダカールラリー。計5台を投入した
三菱が躍進。二輪部門で優勝経験を持つユ
ベール・オリオール(写真)が四輪部門で初優
勝を獲得したほか、アーウィン・ウェーバーが2
位、篠塚が3位に続き、1-2-3フィニッシュを
達成。

〇93年ダカールラリー。この年も4台のパ
ジェロと5台のシトロエンZXが激しいトップ争
いを展開していた。この戦いを抜け出したの
が、慎重な走りを見せていたブルーノ・サビー
(写真)で総合優勝を獲得。三菱が大会2連
覇を達成した。前大会2位のウェーバーが4
位、パンクとクラッチトラブルに祟られた篠塚
が5位で完走した。

1995年ダカールラリー。大会史上、初めてスタート地をフランス・パリからスペイン・グラナダに変更してラリーが開催された。同年も三菱とシトロエンの一騎打ちが展開された。結果はシトロエンZXを駆るピエール・ラルティーグに惜敗することとなったが、サスペンショントラブルに見舞われながらもブルーノ・サビー（写真）が2位入賞、篠塚建次郎も3位で入賞した。

1996年ダカールラリー。プロトタイプ車両でのラストイヤーとなった同大会で三菱勢は苦戦の展開。トラブルが続出するなか、ジャン・ピエール・フォントネ（写真）が3位入賞。

1997年ダカールラリー。自動車メーカーによるT3プロトタイプカーが禁止されたことで三菱はパジェロT2仕様を投入。篠塚（写真）が日本人ドライバーとして初めて総合優勝を獲得。

1998年ダカールラリー。第20回の記念大会はパリ～ダカール間で開催された。三菱勢がトップ争いの主導権を握るなか、フォントネ（写真）が優勝。三菱が5回目の総合優勝を獲得した。

1998年ダカールラリー。トラブルやパンク、スタックで脱落するチームメイトを尻目にフォントネ（写真）が優勝。これに続いて篠塚が2位、サビーが3位、増岡浩も4位入賞した。

1999年ダカールラリー。シュレッサー・バ
ギーが躍進するなか、三菱勢は苦戦の展開を
強いられていた。ユタ・クラインシュミットがパ
ンク、ジャン・ピエール・フォントネが冷却系、篠
塚建次郎がガス欠、増岡浩がクラッチトラブル
に祟られるなか、スペインの販売会社チーム
から参戦したミゲル・プリエトが2位入賞。クラ
インシュミット（写真）が3位で完走した。

2000年ダカールラリー。前年9月にパジェロ
のフルモデルチェンジが行われたことから、そ
れに合わせて三菱は3代目パジェロをベース
にT2仕様車を開発した。同年もシュレッサー・
バギーが躍進するなか、フォントネ（写真）が三
菱勢の最上位となる総合3位入賞。クライン
シュミットが5位、増岡が6位で、T2クラスに
おいてトップ3を独占した。

2001年ダカールラリー。増岡が首位につけながらも、シュレッサー・バ
ギー勢の割り込み、そして、そのオーバーテイクでサスペンションを破
損。その結果、クラインシュミット（写真）が初優勝を獲得した。

2001年ダカールラリー。クラインシュミット（写真）が大会史上初の女
性ウイナーに。なお、大会終了後にペナルティの減算ミスが発覚。増岡
の優勝が明らかとなったが結果は変わらず。

2002年ダカールラリー。市販車改造部門（T2）とプロトタイプ部門（T3）が統合されスーパープロダクション部門に計4台のパジェロを投入。同大会で躍進したのが日本人ドライバーの増岡浩（写真）で、待望の初優勝を獲得し、1997年の篠塚建次郎以来、二人目の日本人ウイナーに輝いた。ユタ・クラインシミットが2位、篠塚が3位、ジャン-ピエール・フォントネが4位に入賞した。

2003年ダカールラリー。三菱はパジェロエボリューション・スーパープロダクション仕様車を投入。同年より日産およびフォルクスワーゲンが参戦を開始したものの、トップ争いは三菱勢が主導権を握ることとなった。なかでも、ステファン・ペテランセルと増岡（写真）が一騎打ちを展開。このシーソーゲームを制したのが増岡で日本人ドライバーとして初めて2連覇を達成した。

2004年ダカールラリー。日産、フォルクワーゲン、BMWが参戦するものの、トップ争いの主導権を握ったのは三菱だった。なかでも二輪部門で6回の優勝経験を持つペテランセル（写真）が躍進。四輪部門で初優勝を獲得した。

005年ダカールラリー。風邪による体調不良で出遅れたほか、中盤戦ではエンジントラブルに見舞われていたステファン・ペテランセル（左）が
連覇を達成。リュック・アルファン（右）が2位入賞を果たし、三菱勢が1-2フィニッシュを達成。

006年ダカールラリー。初優勝を狙う
フォルクスワーゲンを抑えて三菱のペテラ
ンセル、アルファンが1-2体制を形成。しか
し、終盤でペテランセルがサスペンションを
破損、元スキー選手のアルファン（写真）が
待望の初優勝を獲得した。

2006年ダカールラリー。アルファン（車上右
端）が初優勝を獲得し、三菱が6連覇で通算
11回目の総合優勝を獲得。完走率40％の
過酷な大会となるなか、ホアン・ナニ・ロマが3
位、ペテランセルが4位につけるなど三菱勢
が上位に入賞した。

2007年ダカールラリー。25回目の参戦となるメモリアルな一戦に三菱は計4台のイヤモデルを投入。マルチチューブラーフレームを採用したニューモデルで、ドライバーも岡浩、ステファン・ペテランセル、リュック・アファン、ホアン・ナニ・ロマという豪華な顔であった。ちなみに写真はビバーク地の様で、アシスタンス部隊を含めるとかなりの大帯となる。

2007年ダカールラリー。三菱とフォルクワーゲンが序盤から激しいトップ争いを展開。しかし、後半戦に入るとフォルクスワーゲンが失速し、ペテランセルとアルファンの一騎ちが展開されることとなった。そのトップ争を抜け出したのが、ペテランセル（写真）で身3勝目を獲得。三菱が大会7連覇、通算1回目の総合優勝を獲得した。

2007年ダカールラリー。ペテランセル（車上右端）が3連覇を達成。アルファン（車上左から2人目）が2位につけたことで、三菱勢が大会7連覇を1-2フィニッシュで飾ったが、この優勝が三菱にとってダカールラリーにおける最後の勝利となった。

2008年ダカールラリー。三菱は2009年の
大会に新型車の投入を発表していたことか
ら、同大会がパジェロで挑む最後のダカール
ラリーであり、それゆえに有終の美を飾るべ
く、準備が進められていたのだが、通過国の
モーリタニアの治安悪化から、スタート前日に
大会の中止が発表された。ちなみに写真は大
会直前にテスト走行を行う増岡浩。

2009年ダカールラリー。これまでダカールラリーはアフリカ大陸を舞台に開催されてきたが、同年より南米大陸がメインステージとなった。三
菱はパジェロに代わって、ディーゼルエンジン搭載の新型モデル、レーシングランサー4台で同大会に参戦した。

2009年ダカールラリー。4台のレーシングラ
ンサーを投入した三菱だったが、トラブルが続
出。ホアン・ナニ・ロマの10位が最高位となっ
た。なお、大会終了から2週間後、三菱は経営
資源の選択と集中を推進すべく、ダカールラ
リーでのワークス活動の終了を発表。1983
年にスタートした三菱のダカール挑戦は大会
7連覇、通算12勝という記録を残して幕を閉
じた。写真はテスト時のアルファン車。

■ WRCで4連覇、通算34勝をマーク

1967年サザンクロスラリー。1966年からラリー競技への参戦を開始した三菱は、1967年の同大会で早くも海外での活動を開始していた。コルト1000Fを投入し、デビュー戦ながらコリン・ボンド(写真)が総合4位で完走。Fクラスで優勝した。

1973年サザンクロスラリー。1972年の大会において国際ラリーでの初優勝を獲得した三菱は、優れたハンドリングを持つランサー1600GSRを投入。アンドリュー・コーワン(写真)が自身3度目の優勝とともに、三菱車での2連覇を達成した。

974年サファリラリー。三菱はサファリラリーでWRCにデビュー。
シンはランサー1600GSRで、優勝経験を持つジョギンダ・シン（写
が自身2勝目、三菱が初優勝を獲得。

1977年バンダマラリー。サザンクロスラリーで5連勝を果たしたアン
ドリュー・コーワン（写真）がコートジボワールを舞台にした同大会を制
覇。三菱が国際ラリーで通算8勝目を獲得した。この後、排出ガス規制
の影響で活動を休止する。

981年RACラリー。1977年を最後にラ
ー活動を休止していた三菱は、1981年
国際ラリーへ復帰した。ターゲットはWRC
、ランサーEX2000ターボ（写真：アン
ジュー・コーワン）を武器にアクロポリスラ
ー、1000湖ラリー、RACラリーの3戦に参
。同年は4WDターボのアウディ・クワトロが
進したことで目立った成績を残せずに終わ
こととなった。

982年1000湖ラリー。三菱は1000湖ラリー、ラリーサンレモ、RACラリーに改良型のランサーEX2000ターボを投入。ペンティ・アイリッ
ラが3位入賞を果たし、表彰台を獲得した。三菱復活を世界に印象づける一戦となった。

1984年RACラリー。4WDモデルの必要
を痛感した三菱はスタリオン4WDラリー
開発に着手。フランス選手権のほか、RAC
リーに賞典外で出場するなどテスト参戦を
うものの、車両公認を取得することなくこ
ジェクトが終了することとなった。写真は
セ・ランピ。

1991年ラリーコートジボワール。グルー
A規定への移行に伴い、三菱は1988年
りWRCに復帰。マシンはギャランVR-4マ
1991年のコートジボワールでは篠塚建次
(写真)が日本人ドライバーとして初優勝
獲得するなど、三菱が再び世界の最前線で
躍していた。

1993年ラリーモンテカルロ。三菱はダウンサイジングを目的にランサーエボリューション(写真:アルミン・シュバルツ)を投入。WRCにおけ
"ランサー"の復活は1983年のランサーEX2000ターボ以来10年ぶりで、計2回の表彰台を獲得した。

94年アクロポリスラリー。三菱は同年よ
りアロデバイスを一新したランサーエボ
リューションII（写真：ケネス・エリクソン）を
投入。デビュー戦となったアクロポリスラリー
アルミン・シュバルツが2位で表彰台を獲
得するなど抜群のパフォーマンスを披露して
いた。

95年スウェディッシュラリー。電磁クラッ
チを使用したアクティブデフを採用するなど
ランサーエボリューションIIは進化。第2戦の
スウェディッシュでエリクソン（写真）がラン
サーエボリューションシリーズでの初優勝を
獲得したほか、トミ・マキネンが2位につけるな
どのちの黄金期へ繋がる一歩となった。

1995年ラリーオーストラリア。三菱は同年のツール・ド・コルスよりエアロデバイスの改良とアンチラグシステムを備えたランサーエボリュー
ションIIIを投入。同モデルは第6戦のオーストラリアでエリクソン（写真）が初優勝を獲得するなど抜群の性能を発揮した。

1996年サファリラリー。三菱のエース、トミ・マキネン（写真右）が熟を極めたランサーエボリューションを武器に躍進した。スウェーデンファリ、アルゼンチン、1000湖、ストラリアと年間5勝をマークし、にマキネンがドライバーズ部門で初のタイトルを獲得。WRCで初三菱からチャンピオンが誕生した。

1997年ラリーカタルーニャ。ディンディングに挑む三菱はランサーボリューションⅣを投入した。スバフォードがWRカーを投入するなか三菱はグループAモデルながらシーンシャルシフトの導入やエンジンの良で対応。その戦闘力は高く、マキン（写真）が計4勝をマークし、ドラバーズ部門で2連覇を達成した。

1998年ラリーアルゼンチーナ。三
菱は第5戦のラリーカタルーニャで
ランサーエボリューションVを投入し
た。ワイド化を果たした同マシンはス
タビリティが高く、トミ・マキネン（写
真）が同モデルで4勝をマーク。ドライ
バーズ部門で3連覇を達成したほ
か、三菱が初めてマニュファクチャ
ーズ部門でもタイトルを獲得した。

1999年ラリーサンレモ。開幕戦に合わせて空力を一新したラン
サーエボリューションVIを投入。マキネン（写真）が計4勝をマークし、ドライ
バーズ部門において前人未到の4連覇を達成した。

2001年ラリーオーストラリア。通称"ランサーエボリューション6.5"
で活躍していた三菱は後半戦にランサーエボリューションWRCを投
入。しかし、トラブルの続出でマキネン（写真）が離脱した。

2002年ラリーサンレモ。チームを離脱したマ
キネンに代わって、フランソワ・デルクール（写
真）、アリスター・マクレーを起用するなど、体
制を一新した三菱は第9戦のフィンランドにラ
ンサーエボリューションWRC2を投入した。エ
ンジンやミッションの改良が図られながらも低
迷が続いたことから三菱は開発に専念すべく、
2003年はWRCでの活動を休止した。

2005年アクロポリスラリー。200
年にランサーWRC04を投入した
菱だが、マシントラブルが続出したこ
によりシーズン途中で再び活動を休
した。2005年に復帰した三菱はラ
サーWRC05(写真：ジジ・ガリ)を
入。2度の表彰台を獲得したが、経
基盤の強化を図るべく、ワークス活
を終了した。

■ 黎明期はサーキットを舞台にレース競技で活躍

1970年JAFグランプリ。1962年
のマカオGPでモータースポーツ活
動を始めた三菱は国内外のツーリ
グカーレースで活躍した。1966年に
はフォーミュラカーレースで活躍す
ようになり、1970年のJAFグラン
リはコルトF2D(写真)で3位を獲得
1971年の日本グランプリはコル
F2000で勝利を飾った。

目　次

第3章　ダカールラリー以外のモータースポーツ活動

第4章　ダカールラリーにおける成功の原動力

■読者の皆様へ■

　本書に登場する車種名、会社名などの名称、レース競技の呼称、人物名のカタカナ表記などについては、原則的に主要な参考文献となる当時のプレスリリース、広報発表資料、関係各メーカー発行の社史などにそって表記しておりますが、参考文献の発行された年代によって現代の表記と異なっている場合があり、著者および編集部の判断により統一を図っている箇所があります。また、本文中では、敬称を省略いたしました。ご了承ください。

　本書をご覧いただき、名称表記、性能データ、事実関係の記述に差異等お気づきの点がございましたら、該当する資料とともに弊社編集部までご通知いただけますと幸いです。

グランプリ出版　編集部

第1章

黎明期のモータースポーツ活動

ツーリングカーレースにおける活躍

　1870年に九十九商会として海運業を開始し、1905年には造船所を創業。1917年に三菱造船、1934年に三菱重工業と改称し、1970年には自動車の生産部門が独立、三菱自動車工業として新たなスタートを切った三菱の自動車部門（以下、三菱）は自動車の製造に関しても長い歴史を持つ。

　1917年に日本初の量産乗用車、三菱A型の開発で自動車産業への一歩を踏み出すと1935年にはPX33型軍用四輪駆動乗用車の試作を実施。さらに1953年には、当時アメリカのウィリス社が商標を持っていたブランド、ジープのノックダウン組立を開始したほか、1960年には三菱初のオリジナル小型四輪車、三菱500を発売していた。

　その後も三菱は1961年に軽四輪車の三菱360を発売するほか、1962年には小型乗用車のコルト600、軽四輪車の三菱ミニカを発売するなど積極的にニューモデルを投入。それだけに社内的にも技術開発および宣伝の一環として新たなツールが求められていたのだろう。他の自動車メーカーと同様に三菱も1960年代に入ると積極的にモータースポーツへ参戦しており、国内外のフィールドで猛威をふるっていた。

　三菱にとって最初のモータースポーツ活動となったのが、1962年11月に開催された第9回マカオグランプリだった。マカオグランプリはその名

のとおり、マカオの市街地コースを舞台にした国際レースで、1960年代には数多くの自動車メーカーがワークスチームを投入していた。その強豪チームに対抗すべく、三菱も自社初のレーシングマシン、三菱500スーパーデラックスを投入したのである。

　同モデルは1961年に追加された三菱500の派生モデルで、エンジン排気量を493ccから594ccに拡大することによって加速性能と耐久性が向上していた。そのパフォーマンスはライバル車両を凌駕しており、三菱勢はデビュー戦からいきなり他を寄せ付けないスピードを披露。外川一雄のドライビングにより、750cc以下のAクラスでデビューウインを達成したほか、その後も三菱勢が続き、クラス4位までを独占した。

　こうして輝かしいリザルトでモータースポーツ活動の幕開けを飾った三菱は、翌1963年も積極的な活動を展開しており、三菱500の後継モデルとして1962年にデビューしたコルト600を実戦に投入した。4月に開催されたマレーシア・グランプリではイタリアのフィアット勢を抑えて600cc以下のクラスで表彰台を独占している。さらに5月に鈴鹿サーキットで開催された第1回日本グランプリでは三菱500を駆る外川がC2クラスで11位完走した。

　その勢いは1964年も健在だった。三菱は後に名車と謳われるコルト1000を投入する。1963年

に発売された同モデルはそれまでのRR方式と違ってFR方式を採用したマシンで、ボディ形状もそれまでの2ドアから4ドアセダンに変更されたほか、977ccのKE43型エンジンも52psを発揮していた。つまり、コルト1000はエンジンだけを見ても当時の世界最高峰クラスに値するスペックを誇っていたのだが、そのパフォーマンスはすぐにレースシーンで証明されている。

　1963年の第1回日本グランプリが24万人を集客したことに加え、主催者がJASA（日本自動車スポーツ協会）からJAF（日本自動車連盟）に変更されたことも大きく影響したのだろう。1964年5月に鈴鹿サーキットで開催された第2回日本グランプリにはほぼ全ての日本メーカーがワークスチームを投入していたが、701cc〜1000ccで争われるT3クラスを支配したのがコルト1000を投入した三菱だった。コンテッサを投入した日野ユーザーを抑えて加藤爽平が勝利を飾り、コルト勢が上位4位までを独占。まさに三菱は1960年代前半のツーリングカーで輝かしいリザルトを築いており、国内外のビッグタイトルを制することによって技術力の高さをアピールした。

フォーミュラカーレースにおける活躍

　1962年のマカオGPでデビューウインを獲得して以来、国内外のツーリングカーレースで活躍した三菱だったが、1965年を最後にツーリングカーによる本格的なレース活動を休止した。これは中止となった1965年の日本グランプリがフォーミュラカーをメインとするイベントを目指したこと、1964年の日本グランプリに日野自動車の協力を受けた塩沢商工が日本初のフォーミュラカー、デル・コンテッサを投入したこと、さらにホンダが1964年よりF1参戦を開始したことも大きく影響したのだろう。世界的な情勢としてフォーミュラカーが今後のレースシーンの中心になると判断した三菱は、1965年よりその開発に着手しており、翌1966年5月、富士スピードウェイを舞台に開催された第3回日本グランプリに三菱初のフォーミュラマシン、コルトF3Aを投入した。

　同マシンは鋼管パイプフレーム製のシャーシに、コルト1000のKE43型エンジンをベースに開発されたR28型エンジンを搭載。997ccの直列4気筒OHVながら最高出力は90psを誇るパワーユニット

1966年の第3回日本グランプリにコルトF3Aを投入して以来、三菱はフォーミュラカーレースで活躍した。1967年にはコルトF2A、1968年にはコルトF2Bを投入。写真は1969年のJAFグランプリにデビューしたコルトF2C。

で、デビュー戦となった日本グランプリでも圧倒的なパフォーマンスを披露していた。

1966年の第3回日本グランプリは高性能スポーツカーとプロトタイプのレーシングをメインにしたイベントで、フォーミュラカーレースはエキシビジョンでの開催となったが、コルトF3Aを駆る望月修がフォーミュラの名門メーカー、ロータスやブラバムの最新モデルを抑えて総合優勝を獲得した。

さらに同年9月には第3回ゴールデンビーチトロフィーレースで優勝を獲得したほか、10月の東京200マイルレース、11月の第6回クラブマンレース船橋大会で勝利を飾るなどコルトF3Aは船橋サーキットを舞台にした国内主要レースで敵なしの強さを発揮していた。

こうしてツーリングカーレースのみならず、新天地のフォーミュラカーレースでも幸先の良いスタートを切った三菱は翌1967年に早くもニューマシンを開発し、自社2台目のフォーミュラカー、コルトF2Aを実戦に投入した。同マシンのパワーユニットはコルト1500のKE45型エンジンをベースに開発された1589ccのR46型直列4気筒OHVエンジンで最高出力は160psに向上していた。それに合わせてシャーシもコルトF3Aをベースに改良されるなど、まさにコルトF2Aは著しい進化を遂げたマシンで、1967年5月、富士スピードウェイを舞台に開催された第4回日本グランプリでも期待に違わぬパフォーマンスを披露していた。

コルトF2Aをドライブしたのは望月、益子治で、望月がデビューウインを獲得。益子も2位入賞を果たし、三菱ワークスが国内最高峰レースで1-2フィニッシュを達成する。さらに同イベントには長谷川弘もコルトF3Aで参戦しており、旧式モデルながら4位で完走。その後も8月に富士スピードウェイで開催された第8回クラブマンレースで長谷川が1位、加藤が2位に着けるなどコルトF2Aを駆る三菱勢が躍進した。

ツーリングカーレースへの転向からわずか2年で国内フォーミュラカーレースの頂点に上り詰めただけに当時の三菱が活気に満ちていたことは想像に難くない。その勢いは1968年も衰えることなく、フォーミュラで3年目の活動を迎えた三菱は体制面を強化しており、ニューマシンのコルトF2Bを投入していた。

これまで三菱のフォーミュラカーのエンジンはコルト1000やコルト1500など量産車のエンジンをベースに開発されていたが、同モデルに搭載されたR39型エンジンは競技専用のレーシングエンジンとして開発。排気量こそコルトF2AのR46型エンジンと同様に1598ccだったが、直列4気筒DOHCへ進化していた。その最高出力はコルトF2Aの160psを凌ぐ220psで、最高速度は260km/hを記録。この新設計のエンジンに合わせてシャーシも刷新されたことで同モデルは抜群のパフォーンスを獲得した。

事実、コルトF2Bの初陣は1968年5月に富士スピードウェイで開催された第5回日本グランプリで、加藤が優勝し、三菱陣営が大会3連覇を達成した。さらに益子が2位に着けたことによって三菱が2年連続で1-2フィニッシュを達成し、長谷川も10位で完走。同年6月に鈴鹿サーキットで行われた全日本鈴鹿自動車レースでは望月が優勝し、再びコルトF2Bの実力を証明した。

こうして日本グランプリで3連覇を達成したことによって、三菱はフォーミュラカーレースの名門として定着することとなったが、三菱に慢心は

1969年のJAFグランプリ。コルトF2Bにウイングを装着したコルトF2Cは素晴らしいパフォーマンスを発揮し、生沢徹がポールポジションを獲得した。

1969年のJAFグランプリ。舞台は富士スピードウェイ。ロータス39のレオ・ゲオゲーガンが優勝した。三菱勢の最上位は加藤爽平で、3位で表彰台を獲得。

なく、翌1669年もニューマシンを開発。コルトFシリーズの最新モデル、コルトF2Cを投入した。

　同マシンはコルトF2Bに空力装置として前後にウイングを装着したアップデートモデルで、コーナリングスピードが飛躍的に向上していた。同モデルのターゲットになったのが、1969年5月、富士スピードウェイを舞台に開催されたJAFグランプリ。JAFグランプリはフォーミュラカーの増加に合わせて、1969年にスタートしたフォーミュラカーの国際レースで、第1回の大会にはオーストラリアなど海外からもエントリーを集め、計27台で争われていた。そのなかで幸先の良いスタートを切ったのが三菱のワークスドライバーのひとり、生沢徹でコルトF2Cを武器に予選でトップタイムをマークする。決勝ではポールポジションの生沢がリタイアを喫したことで海外からの遠征組に勝利を譲ったが、加藤が3位で表彰台の一角を獲得したほか、益子が5位で完走した。

　さらに同年6月に行われた富士300kmゴールデンシリーズ第2戦および同年8月の第3戦で加藤が2連勝を達成、同年のマカオで加藤が3位に入賞。1969年も三菱ワークスがコルトF2Cを武器に

国内外のフォーミュラカーレースで活躍したのである。

　まさに1960年代後半の国内フォーミュラシーンは三菱ワークスの黄金期となったが、1970年に入ってもその強さは健在だった。国内トップメーカーとなった三菱は1970年のJAFグランプリに合わせてコルトF2Dを投入。同マシンのパワーソースはR39型エンジンを改良したR39-2型エンジンで、排気量をそのままに240psの最高出力を発揮していた。さらに同モデルにおける最大の特徴が空力面にほかならない。空気抵抗の減少を追求すべく、エンジン部分までカウルを装着するほか、リヤエンドにスノーコーニス（雪ひさし）と呼ばれるカバーを装着。さらにラジエータをサイドに配置するなど独自のスタイルを備えていた。

　それだけに1970年5月、富士スピードウェイを舞台に争われたJAFグランプリでもコルトF2Dは注目を集めており、三菱勢は周囲の期待に応えるかのように躍進していた。2回目を迎えたJAFグランプリは前大会以上に国際色が豊かなイベントに発展しており、F1ドライバーのジャッキー・スチュワートがブラバムBT30でエントリー。その実力は

1970年のJAFグランプリでコルトF2Dがデビュー。リヤエンドまでカウルを装着したほか、マシンの両サイドにラジエータをマウントするなど空力性能が追求されていた。

1970年のJAFグランプリは国際色が豊かな大会だった。ブラバムBT30を駆るジャッキー・スチュワートが優勝。永松邦臣が総合3位でクラス優勝を獲得した。

本物で下馬評どおり、3000ccのエンジンを搭載したブラバムBT30を武器にスチュワートがポール・トゥ・ウィンを達成していた。しかし、三菱勢も健闘しており、永松邦臣がわずか1600ccの小排気量フォーミュラで総合3位、1クラスで優勝を獲得した。

　こうして1970年代に入っても三菱の躍進は続いていたが、日本のモータースポーツ界は転換期を迎えつつあった。これまでは1963年にスタートしたプロトタイプスポーツカーの祭典、日本グランプリと1969年にスタートしたフォーミュラカーの国際レース、JAFグランプリが2大タイトルとして開催されていたのだが、1970年10月に富士スピードウェイで開催される予定となっていた日本グランプリが中止されることになった。その理由は排出ガス対策の開発に集中すべく主要メーカーが撤退したためで、このため、日本グランプリは1971年からフォーミュラカーレースをメインにしたイベントとして開催。そして、フォーミュラカーレースで初めてグランプリのタイトルがかけられた同イベントに合わせて三菱は最新モデル、コルトF2000を投入した。

　同モデルは文字どおり、2000ccエンジンを搭載したマシンで、1600ccのR39型エンジンの排気量を拡大した水冷直列4気筒DOHC4バルブのR39B型エンジンを搭載。最高出力は280psで最高速は290km/hを記録していた。シャーシもコルトF2Dをベースに空力性能を追求するなど当時の最先端技術を注ぎ込んでおり、1971年10月、富士スピードウェイを舞台に開催された日本グランプリでも素晴らしい走りを披露していた。1971年のJAFグランプリの中止で同イベントが国内唯一の国際レースとなったことが影響したのか約7万5000人

1971年の日本グランプリに三菱最後のフォーミュラカーとなるコルトF2000がデビュー。最高出力280psを誇るマシンで、永松邦臣が優勝、益子治が2位につけるなど三菱勢が1-2フィニッシュとなった。

の観客が詰めかけるなど、まさに同年の日本グランプリは名実ともに日本最大のレースとなっていたのだが、そのなかでコルトF2000を駆る永松が優勝したほか、チームメイトの益子も2位に着け、三菱勢が1-2フィニッシュを達成した。

　このように三菱はフォーミュラカーレースにおいても名実ともに国内トップメーカーに輝くこととなったのだが、このリザルトが三菱にとってフォーミュラレースでの最後の栄誉となった。1966年の第3回日本グランプリにコルトF3Aを投入して以来、常にコルトFシリーズの最新モデルを武器にフォーミュラカーレースの最前線で活躍した三菱だったが、他の主要メーカーと同様に1971年の日本グランプリをもってワークス活動を休止する。当時、世界最高峰と謳われたR39B型エンジンはその後もプライベーターチームに供給されたものの、数々の伝説を築いて来た三菱のフォーミュラカーレースでの活動は、わずか6年で終焉を迎えることとなった。

ラリー競技における活躍
―1960年代はコルトで躍進

　1962年のマカオGPに三菱500スーパーデラックスで参戦して以来、国内外のツーリングカーレースで活躍し、1966年の日本グランプリよりフォーミュラカーレースへの挑戦を開始するなど、サーキットでのレース競技で飛躍を遂げていた三菱は、時を同じくして新たなフィールドにチャレンジする。その活動こそ、後に三菱モータースポーツ活動の代名詞となるラリー競技だった。

　三菱が本格的にラリー競技への挑戦を開始したのは、1966年9月に開催された第8回日本アルペンラリーで、1966年5月に開催された第3回日本グランプリのウイナー、望月修を筆頭に加藤爽平などフォーミュラで活躍するワークスドライバーがエントリーしていた。三菱ワークスの主力モデルは1965年に発売されたコルト1500で、加藤が総合16位で完走するほか、望月が22位で完走している。

1967年のサザンクロスラリーに三菱は初のワークスラリーとなるコルト1000Fを投入。オートラリア自動車連盟副会長のダグ・スチュワートがステアリングを握った。

さらに三菱は翌1967年に早くも海外ラリーへの遠征を開始。ターゲットになったのは1966年にオーストラリアでスタートしたサザンクロスラリーだった。これはコルト800を販売するにあたってラリーに出場させたいとする現地のディストリビューターの要望に応えた活動で、三菱はコルト800を4サイクルの1000ccユニットに換装したコルト1000Fを開発し、1967年の第2回サザンクロスラリーに投入した。同モデルはライバル勢と比べると小排気量だったが、三菱が本格的にラリー

1967年のサザンクロスラリー。58号車を駆るダグ・スチュワートは途中で転倒。代わって、61号車を駆るコリン・ボンドが総合4位につけ、Fクラスで勝利を飾った。

1967年のサザンクロスラリー。マシンの製作は水島工場で行われ、エンジンには三菱初のフォーミュラマシン、コルトF3Aと同系統のKE43型エンジンが搭載されていた。

1967年のサザンクロスラリーは、オーストラリアでコルト800を発売する現地のディストリビューターからのリクエストに応じるべく、PRの一環として参戦。競技終了後には早速、現地の販売店に競技車両が展示されていた。

競技車両として開発しただけに耐久性が高く、コリン・ボンドが総合4位で完走を果たし、Fクラスで勝利を獲得した。

ちなみにコルト1000Fは同年の第9回日本アルペンラリーにも参戦しており、萩原壮亮が18位、後に「マールボロ三菱ラリーアート」で総監督を務めた木全巌が25位で完走するほか、コルト1500で参戦した俳優の江原達治も9位で完走を果たした。

そして、この市場拡大を目的にしたオーストラリアでのラリー活動は翌年も継続されており、1968年の第3回サザンクロスラリーに三菱はコルト1100Fを投入した。同モデルはコルト1000のKE43型エンジンを1100ccにボアアップしたKE44型エンジンを搭載したアップデート車両で、これにより最高出力が58psから82psへ引き上げられていた。同時にブレーキ性能の向上を果たすべく、当時では珍しいディスクブレーキをフロントに採用するなど、過酷なオーストラリアのグラベルに合わせて細部が強化されていた。その結果、同年のサザンクロスラリーではボンドが総合3位で1300cc以下のGクラスを制覇するほか、ダグ・スチュワートも9位でGクラスの2位につけるなど2連

1968年のサザンクロスラリー。同大会には76台が集結するなか、この年もコリン・ボレドボンドが活躍した。コルト1100Fの20号車を武器に総合3位に入賞。1300cc以下のGクラスで勝利を飾る。

続でクラス1-2フィニッシュを達成した。

さらに国内ラリーに目を向けるとTROマーチラリーで総合優勝を獲得するほか、JMC（日本モータリストクラブ）創立10周年記念ワイドラリーでも勝利を飾るなど熟成を極めたコルト1000Fを武器に三菱勢が躍進。その勢いは10回目の開催を数えた日本最大級のラリーイベント、日本アルペンラリーでも健在で、コルト1000Fを駆る加藤爽平が3位で表彰台を獲得した。

このように当時の三菱はレース競技のみならず、ラリー競技でも頭角を現しつつあったのだが、そ

1968年のサザンクロスラリー。三菱は1100ccのKE44型エンジンを搭載したコルト1100Fを投入した。出力が向上したほか、トルクもフラットになったことで三菱勢は躍進。21号車を駆るダグ・スチュワートは総合9位で完走。

1969年のサザンクロスラリー。17号車を駆るダグ・スチュワートも120psを誇るコルト1500SSを武器に安定した走りを披露したが、総合7位に終わることとなった。

の一方で、海外ラリーのサザンクロスラリーではライバル勢に対してパワー不足であることも事実だった。4,000kmのロングラリーを走破することができても、エンジンパワーで劣る三菱ワークスは2年連続でトップ争いを演じるには至らなかった。そこで三菱はさらなる飛躍を果たすべく、1969年のサザンクロスラリーにニューマシン、コルト1500SSを投入した。

　同モデルは1968年に発売された2ドアのスポーツモデルで、1534ccのKE45型エンジンを搭載。このエンジンはフォーミュラカーのコルトF2Aに搭載されたR46型エンジンのベースとなっていたもので、最高出力では120psのハイパワーを実現し

ていた。

　それだけに1969年のサザンクロスラリーでは参戦3年目を迎える三菱の初優勝が期待されていたのだが、2台のコルト1500SSは進化を果たしたライバル勢を前に苦戦を強いられることとなった。過去の2大会と同様に1969年もボンド、スチュワートが必死のアタックを披露するものの、ハイペースで逃げるライバル勢についていくことができずにトップ争いから脱落する。これは大幅に向上したエンジンパワーに対して、サスペンションのセッティングが上手くいかずにペースダウンを強いられたためで、ボンドが2年連続で総合3位に入賞したものの、三菱にとっては課題を残す一戦となった。

　とはいえ、同イベントで三菱は大きな手応えも掴んでいた。三菱は2台の最新モデル、コルト1500SSに加えて、2台のコルト11FSSを投入していたのだが、この小排気量モデルが期待以上の健闘を見せていたのである。

　同モデルはコルト1100Fから1969年に名称を変更したコルト11Fのスポーツグレードで、ツインキャブで出力向上を図ったKE44型エンジンを搭

1969年のサザンクロスラリー。三菱は1500ccのKE45型エンジンを搭載したコルト1500SSを投入した。序盤から1号車を駆るコリン・ボンドが好走を見せるも総合優勝には届かず、総合3位でフィニッシュした。

載し、トランスミッションのギア比をクロスレシオ化、シフトストロークをショートに変更するなど、よりラリー競技に合わせた改良が施されていた。1100ccということで総合での優勝争いに加わることはなかったが、総合7位／クラス2位で完走を果たし、チーム賞、マニュファクチャラー賞の獲得に貢献。このようにラリー競技への挑戦を開始した三菱は国内外の競技に参戦することによって着実に技術力を向上させていったのである。

ラリー競技における活躍
―1970年代はギャラン／ランサーで飛躍

1966年にラリー競技への参戦を開始し、その後も国内外のラリー競技で活躍した三菱だが、その勢いは1970年代に入っても続いていた。

なかでも、1970年のラリーシーンにおいて最大のトピックスとなったのが、三菱が投入したニューマシン、コルトギャランAⅡGSにほかならない。さらに「当時は学生だったけれど、三菱のワークスチームが声をかけてくれた」と語るように同年には後にWRCやパリ・ダカールラリーで輝かしいリザルトを築くこととなる篠塚建次郎が三菱ワークスに加入。こうして三菱はやがて迎える黄金期に向けて、その一歩目を踏み出すことになったのである。

従来のコルトに代わる主力モデルとして1969年12月にデビューしたコルトギャランは1300ccの4G30型エンジンを搭載したAⅠシリーズと、1500ccの4G31型エンジンを搭載したAⅡシリーズがラインナップされていたのだが、三菱ではAⅡGSをベースにラリー競技車の開発を行っていた。

新設計のSOHCエンジンはロングストロークで抜群の中速トルクを発揮。事実、同エンジンを搭載したコルトギャランはデビュー当初より素晴らしいパフォーマンスを見せており、群馬県の赤城山を舞台にした氷上トライアルやスペシャルステージを主体にしたハイスピードラリー、ツール・ド・ニッポンで活躍するなど国内ラリー競技で実績を積みながら熟成を重ねていった。

そして、1971年の第6回サザンクロスラリーに三菱は熟成を極めたコルトギャランAⅡGSを投入する。同マシンのパフォーマンスは高く、三菱は排気量で勝るライバル勢を凌駕。終盤まで三菱ワークス1-2体制をキープしていた。

残念ながらマシンの破損で上位2台は後退、三菱勢の最上位はバリー・ファーガソンの3位と惜敗することとなったが、三菱はこの一戦で確かな手応えを掴んでいたに違いない。事実、国内ラリーに目を向けると三菱に入社したばかりの篠塚が4勝を獲得し、1971年の全日本ラリー選手権でタイトルを獲得した。

さらに三菱は1972年のサザンクロスラリーに向けてコルトギャラン16L GSを開発。コルトギャラン16LGSはコルトギャランAⅡGSに搭載されていた1500ccの4G31型エンジンを改良し、シリンダーボアを広げて1600ccに排気量をアップした4G32型エンジンを搭載したモデルで、最高出力で150ps、最大トルクが16.5kg-mに向上。その戦闘力は高く、1971年の第13回日本アルペンラリーで総合優勝を獲得していた。

これに加えて1971年を最後にフォーミュラカーレースでの活動を休止したことも影響したのだろう。ラリー競技へモータースポーツ活動を集約した三菱は1972年のサザンクロスラリーに向けて体制を強化。2台のコルトギャラン16L GSを投入、

1972年のサザンクロスラリー。三菱はコルトギャラン16L GSを投入した。アンドリュー・コーワンが三菱初の総合優勝を獲得。写真はチームメイトのダグ・チバスが駆るギャラン16L GS。

さらに2ドアクーペのコルトギャランGTOを2台ラインナップするなど計4台で参戦していた。

　ドライバーも豪華な顔ぶれで、ダグ・チバス、ダグ・スチュワート、バリー・ファーガソンに加えて、後に三菱のエースとしてWRCやパリ・ダカールラリーで活躍し、三菱ラリーアート・ヨーロッパの代表として三菱のWRC活動を担うことになるアンドリュー・コーワンも三菱のワークスドライバーとしてエントリー。ハード、ソフトともに充実した体制となった三菱は優勝候補の筆頭として1972年の第7回サザンクロスラリーを支配した。

　なかでも、終始安定した走りを披露していたのが、オースティン1800を武器に1969年の大会を制した実績を持つコーワンだった。路面がスムーズな初日こそダットサン240Z（フェアレディZ）を駆る日産のエース、ラウノ・アルトネンに先行を許すものの、テクニカルな山岳ステージを主体とする2日目以降はレスポンスに優れたコルト

ギャランでコーワンがトップを快走する。その後もコーワンはコンスタントな走りで首位をキープし、「今まで培ったドライビングテクニックをギャランにぶつけることができた。激しいバトルが続いたのでギャランには無理をさせたが、私の期待に応えて最後まで性能を発揮してくれた。三菱で最初の国際ラリーの総合ウイナーになれたことは栄光の至りだ」と語るように、コーワンが自身としては2勝目、三菱にとっては初の総合優勝を獲得。1967年の第2回サザンクロスラリーにコルト1000Fを投入してから6年の時を経て、ついに三菱が国際ラリーで頂点に輝いた。

　こうして国際ラリーで初の栄冠を獲得した三菱は国内ラリーも制圧。第9回JMCマウンテン・サファリラリー、TROマーチラリー、MSCC東京ラリー、サファリ・イン・キョート、グループ11サマーラリー、PMSCツール・ド・ニッポン・クリサンテーモなど、1972年は数々の勝利を獲得してお

り、うち、計4勝をマークした篠塚が2年連続で全日本ラリー選手権のタイトルを獲得した。

　三菱の猛威は1973年の第8回サザンクロスラリーでも続いた。原動力となったのが、後にA73ランサーの名で親しまれるランサー1600GSRだった。初代ランサーのスポーツモデルとして1973年にデビュー、これまでコルトやギャランで培った経験を2ドアのコンパクトなボディに凝縮したマシンで、1600ccの4G32型SOHCエンジンが搭載されていた。軽量かつ優れたハンドリングが特徴で、1973年の第8回サザンクロスラリーでも圧巻の走りを披露。コーワンが自身および三菱の2連勝でA73ランサーの初優勝を飾るほか、チームメイトが2位、3位、4位で続き、三菱勢が1-2-3-4フィニッシュを達成した。

　このようにオーストラリアのビッグイベント、サザンクロスラリーで2連勝を達成することによって名実ともにラリーの名門メーカーとなった三菱だったが、そのチャレンジ精神は衰えることはなかった。1973年のオイルショックの影響により、1974年より三菱は国内でのモータースポーツ活動を休止したものの、海外を舞台にした国際ラリーには積極的にチャレンジした。なかでも、

1973年のサザンクロスラリーでランサー1600GSRがデビュー。2ドアのコンパクトボディに1600ccの4G32型エンジンを詰め込んだマシンだった。アンドリュー・コーワンが素晴らしい走りを披露。

三菱にとって新たなフィールドとなったのが、サファリラリーだった。

　WRC（世界ラリー選手権）の1戦として開催されていたサファリラリーは5日間、5,000kmで争われる耐久ラリーで、スピードも速く、天候によって路面状況も目まぐるしく変化することから、常に脱落者が続出するサバイバル戦が展開されていた。"カー・ブレーカー・ラリー"の異名を持つ大会で、WRCのなかでも特別の一戦となっていた。それだけに三菱もWRCのデビュー戦を飾る一戦としてこの舞台を選択したのだろう。1974年の第22回サファリラリーにチャレンジした。

アンドリュー・コーワンが1973年のサザンクロスラリーを制覇。コーワンおよび三菱が大会2連勝を達成したほか、ランサー1600GSRがデビューウィンを達成した。三菱は同大会で上位4位までを独占した。

主力モデルは1600ccの小排気量ながら最高出力148ps、最大トルク16.5kg-mを誇るランサー1600GSRで、1965年の大会を制したケニア出身のジョギンダ・シンをドライバーに起用するなど充実した体制だった。1974年の大会は豪雨の影響でステージが泥沼化する過酷なコンディションで、例年以上に完走率の低いラリーとなったが、ランサー1600GSRを駆るシンは安定した走りを披露した。「サファリラリーで勝つためにはクルマの総合性能とバランスの良さ、加えて耐久性と整備性を考えるとシンプルであることが必要だ。ランサーだからこの勝利をものにすることができた。この優勝は私の一生の思い出になり、ランサーは私の一生の友になるだろう」。

そう語ったのはランサーを駆るシンだが、その言葉どおり、2600ccのハイパワーエンジンを誇るポルシェ勢を抑えてランサー1600GSRで自身2勝目を獲得。三菱は初出場のWRC、しかも、伝統のサファリラリーでデビューウインを獲得した。

1974年のサファリラリーを制し、世界選手権のウイナーとして名を刻んだ三菱は同年の第9回サ

ケニア出身のジョギンダ・シンが1974年のサファリラリーを制覇した。シンは「ランサーだから、この勝利をものにすることができた」とランサー1600GSRのパフォーマンスを高く評価した。

ザンクロスラリーでも素晴らしい走りを披露していた。同イベントの完走台数がわずか7台で、初めて海外ラリーに遠征した篠塚もコースアウトでリタイアするなど、後に大会史上で最もハードなラリーと記憶されることになったが、同イベントにおいてもコーワンがランサー1600GSRを武器に首位を快走。自身および三菱が大会3勝目を達成した。

その後も、三菱の国際ラリーでの快進撃は続い

1974年のサファリラリーで三菱はWRCにデビュー。マシンはランサー1600GSRで1965年の大会ウイナー、ジョギンダ・シンが自身2勝目を獲得するとともに三菱がWRCでデビューウィンを達成した。

1974年のサザンクロスラリーには日本人ドライバーの篠塚建次郎がランサー1600GSRで海外ラリーにデビュー。しかし、コースアウトでリタイアするなど篠塚にとってはほろ苦い海外デビューとなった。

1974年のサザンクロスラリーではアンドリュー・コーワンがランサー1600GSRで好タイムを連発。自身および三菱が大会3連勝を達成した。

た。1975年の第23回サファリラリーではコーワンの総合4位が三菱勢の最上位となったが、同年の第10回サザンクロスラリーでもA73ランサーを武器にコーワンおよび三菱が大会4連覇を達成。

さらに1976年の第24回サファリラリーは前大会の王者、プジョーが504を投入、ランチアがストラトス、日産がダットサン160J（バイオレット）、オペルがアスコナ、フォードがエスコートといったように各メーカーがワークスマシンを投入するものの、4台のランサー1600GSRを投入した三菱

1975年のサファリラリーでは、ランサー1600GSRを駆るアンドリュー・コーワンが4位に入賞。

1975年のサザンクロスラリー。同年のサファリラリーで4位に終わったアンドリュー・コーワンがランサー1600GSRで大会4連覇を達成した。

が序盤からラリーを支配していた。

　同イベントは雨の影響でエントリーの大半がリタイアするなど、第1レグからサバイバルラリーが展開されるが、4台のランサーはコンスタントな走りで上位をキープする。結局、1976年のサファリラリーは64台のエントリーのうち、完走できたのはわずか17台という過酷なイベントとなったが、A73ランサーを駆るシンが自身3勝目、三菱が大会2勝目を獲得。さらにロビン・ウリヤテが2位、コーワンが3位に着けるなど三菱が世界一の耐久ラリーで表彰台を独占し、マニュファクラーズ部門でも勝利を獲得した。そのほか、同イベントには日本人ドライバーの篠塚もA73ランサーで参戦しており、初出場のサファリラリーで6位入賞。その功績が高く評価された篠塚は、最高殊勲賞にあたるゼルダ・ヒューグ・メモリアルトロフィーを獲得した。

　まさに1976年のサファリラリーは三菱にとって1970年代の黄金期を代表するトピックスとなったが、同年のサザンクロスラリーでも三菱勢は素晴らしいリザルトを刻んでいた。同大会は好天に恵まれ、大排気量車が有利なハイスピードラリーと

1977年のサザンクロスラリー。"サザンクロス・マイスター"と呼ばれたアンドリュー・コーワンに代わって、日本人ドライバーの篠塚建次郎（左）が三菱勢で最上位となる4位入賞を果たした。

なったが、コーワンおよび三菱は後続を抑えて大会5連覇を達成した。

　1972年のサザンクロスラリーでコルトギャラン16L GSを駆るコーワンが三菱の初優勝を獲得して以来、大会5連勝を達成したことでコーワンと三菱は周囲に"サザンクロス・マイスター"と呼ばれる存在となっていた。同時に1974年および1976年のサファリラリーで勝利を挙げていることから、アフリカにおいてA73ランサーは"キング・オブ・カー"と呼ばれるなど、まさに三菱は海外でのラリー活動を通じて技術力をアピールし、ブランドイメージを高めることに成功した。

　さらに1977年には第25回サファリラリーがコー

1977年のサファリラリー。アフリカにおいて"キング・オブ・カー"と呼ばれていたランサー1600GSRを武器にアンドリュー・コーワンが4位に入賞した。

1977年のバンダマラリー。コートジボワールで開催された同ラリーでランサー1600GSRを駆るアンドリュー・コーワンが優勝。三菱が国際ラリーで通算8勝目を獲得した。

ワンの4位、第12回サザンクロスラリーは篠塚の4位が最高位で、ともに表彰台を逃すものの、コートジボワールで開催された第9回バンダマラリーではランサー1600GSRを駆るコーワンが初優勝し、三菱が国際ラリーで8勝目を獲得した。

このように1966年にラリー活動を開始し、1967年から海外ラリーへの挑戦を開始した三菱は1972年のサザンクロスラリーで初優勝を獲得して以来、常にビッグイベントを支配した。

しかし、その黄金期も長く続くことはなかった。オイルショックの影響で1974年より国際ラリーに絞って活動を継続していた三菱だが、排出ガス規制の影響でモータースポーツ活動の自粛の機運が高まるなか、ついに1977年を最後に全てのモータースポーツ活動の休止を決定した。こうして三菱の黎明期のモータースポーツ活動に終止符が打たれることになったのである。

第2章

パリ・ダカールラリー挑戦の軌跡

パジェロ誕生、そして世界一過酷な冒険ラリーへ

当時の社会情勢を受け、1977年を最後に全てのモータースポーツ活動を休止した三菱。その止まっていた時計の針が再び動き出したのは1981年のことだった。4月、ヨーロッパへの輸出開始に合わせてランサーEX2000ターボでWRC（世界ラリー選手権）への参戦を開始した。このWRCにおけるプロジェクトは後述するように紆余曲折を経て、1990年代に黄金期を築くことになるのだが、その一方で三菱はWRCへの復帰から2年後の1983年、新たなフィールドへの挑戦を開始していた。そのフィールドが、パリ・ダカールラリー（ダカールラリー）、通称〝パリダカ〟の愛称で知られる世界最大のクロスカントリーラリーだった。

三菱はこのダカールラリーにおいて後に7連勝、通算12勝という前人未到の大成功を収めるが、この伝説を語るときに欠かせない存在となるのが、1982年に登場したクロスカントリーSUV、パジェロにほかならない。ダカールラリーにおける三菱の神話は常にパジェロが主役を演じていた。

1953年にアメリカのウィリス社と提携し、ジープのノックダウン生産を開始した三菱は1956年に主要部品を含めて完全な国産化に成功していた。以来、抜群の悪路走破性を持つ三菱ジープは自衛隊や林業関連者を中心に高いシェアを誇っていたのだが、その一方で、ウィリス社との契約により、東南アジアを除く海外で販売することができなかった。それだけに三菱にとっても自由に輸出できるオフロード4WDが求められていたのだろう。三菱は自社ブランドの開発を実施し、1973年

1973年の第20回東京モーターショーに出品されたパジェロⅠ。J52型ジープをベースにバギー的な要素を取り入れた新しいレジャーカーとして注目を集めた。

1973年の第20回東京モーターショーにコンセプトカーとして登場。「パジェロ」という名前を冠したクルマが初めて世に出たイベントだった。ちなみにパジェロとは南米アルゼンチンのパタゴニア地方に住む野生の猫で、野生味と美しさを調和させる願いを込めて命名された。

1982年に登場したパジェロにはメタルトップおよびキャンバストップがラインナップ。エンジンは4D55型の2.3L直列4気筒SOHCディーゼルターボで95psを発揮していた。

の第20回東京モーターショーにコンセプトカーとしてパジェロⅠを出品する。さらに1979年の第23回東京モーターショーにパジェロⅡと題したコンセプトカーを出品したのだが、モダンなスタイリングとフロントの独立懸架式サスペンションで多くの注目を集めたことから商品化が決定した。そして、1981年の第24回東京モーターショーでの参考出品を経て、翌1982年についにパジェロがデビューしたのである。

多目的4WDとして発売されたパジェロはメタル

1979年の第23回東京モーターショーでコンセプトカーのパジェロⅡとして、1981年の第24回東京モーターショーで市販予定車として出品されたパジェロが1982年に市販化。三菱独自の四輪駆動車で、後のRV／4WDブームを牽引した。

トップとキャンバストップがラインナップされ、主力モデルは4D55型の2.3L直列4気筒SOHCディーゼルターボをパワーユニットとして搭載。サスペンションはフロントがダブルウィッシュボーン＆トーションバースプリング式の独立懸架、リヤがリーフスプリング式の車軸懸架で、国内外のラリー競技で活躍していた三菱の社員ドライバー、篠塚建次郎が開発段階からテストドライバーとして評価を行っていたこともあり、パジェロはデビュー当初からライバル車両を凌ぐ運動性能を持っていた。

事実、パジェロは1982年のデビュー当初より国内のオフロードレースで活躍。そのステアリングを握っていたのが、後にダカールレースで2連覇を果たすことになる増岡浩で、「当時はまだアマチュアで22歳の時だったかな。それまでは三菱ジープでオフロードレースに出ていたのだけれど、シェイクダウンでいきなりパジェロがジープのタイムを上回った。ジープのほうが軽いし、セッティングも出ていたけれども、やっぱりパジェロはフロントがダブルウィッシュボーンの独立懸架だったので運動性能が良かった。まったくセットアップしていないのに、安心してアクセ

ルを踏むことができた」とパジェロのデビュー当時の印象を語る。その後もパジェロはオフロードレースを通じて熟成された結果、「参戦したレースはほとんどポールポジションで、決勝では2位も周回遅れにしていた」と増岡が語るように国内のオフロードレースで躍進し、無敵の存在になっていた。

このようパジェロはデビュー当初から国内モータースポーツで実績を残すことに成功していたのだが、もともとは欧米への輸出を重視して開発されていただけに、三菱が海外モータースポーツへの参戦を検討していたのはごく自然の流れだった。新聞や雑誌、テレビの広告で新型車の知名度を上げるためには莫大な予算と時間を要するが、もし、海外のビッグイベントで好成績を収めることができれば一気に注目を集めることができるからである。

そこで当時、三菱でパジェロの商品企画を担当し、後にラリーアートの初代社長に就任する近藤昭はパジェロの海外における販売促進活動の一環として、海外イベントへの出場を企画していた。当初はアメリカで人気の高いバハ500が候補として上げられていたが、レギュレーションでターボが禁止されていたことから、2.3Lのディーゼルターボをセールスポイントとするパジェロでは参戦ができなかった。そこで三菱がパジェロの海外モータースポーツイベントとして最終的に選んだのが、ディーゼルターボ車で参戦可能なダカールラリーだった。

今でこそメジャーなイベントとして定着したダカールラリーも当時はまだマイナーなイベントに過ぎなかった。初開催は1979年の大会で、1978年12月26日にパリをスタートし、アルジェリア、ニジェール、マリを経由して翌1979年1月14日にセネガルの首都ダカールでフィニッシュ。その行程は10,000kmに及んでいた。

大会の創設者は「冒険の扉まで連れて行こう。ただし、運命に挑戦するその扉を開けるのは君自身だ」の言葉で有名なティエリー・サビーヌ。1907年の北京-パリラリーを筆頭に自動車が誕生して間もない時代からヨーロッパでは冒険ラリーが行われていたのだが、サビーヌもそんなラリーを愛したフランス人の冒険家で、1977年にアフリカからフランスへ向かうラリー・アビジャン-ニースに出場した経験をもとにダカールラリーを発案していた。

こうして1979年にスタートしたパリダカは「乗り物は何でもいいから、パリからダカールまで競争しよう」とのサビーヌの呼びかけにより、二輪車が90台、四輪車が80台、トラックが12台と計182台が集結。同大会は冒険ラリー的な要素が強く、大会の食事が自給自足となるほか、二輪や四輪、トラックのクラス分けがないなど極めてのどかな大会だった。しかも、競技区間が3,168kmに留まっていたことが大きく影響したのだろう。四輪の最上位となる4位のレンジローバーを抑えて、記念すべき第1回大会のウイナーがヤマハのプライベーターチームでオートバイを駆っていたシリル・ヌブーだったということが興味深い。

1980年に開催された第2回大会より1月1日のパリスタートや二輪、四輪、トラックの3部門化、大会期間中の食事供給など、後のダカールラリーに定着するスタイルが採用されたことで、参加台数も二輪車が90台、四輪車が116台、トラック10台と計216台に増加した。さらに1981年の第3回大会からはFISA（当時の国際自動車連盟のスポーツ部

門。現在のFIA）の公認イベントになったことで参加台数が二輪車106台、四輪車170台、トラック15台の総勢291台までエントリーが拡大したほか、翌年の1982年の第4回大会には二輪車が129台、四輪車が233台、トラック23台と参加台数は計385台に到達するようになっていた。

まさにダカールラリーは回を追うごとにエントリーが拡大するなど極めて短期間でビッグイベントへ成長していた。さらに1982年の第4回大会には2年連続で俳優のクロード・ブラッソーが参戦したほか、オリンピックの水泳で活躍したクリスチーヌ・キャロン、スキー滑降競技の元ワールドチャンピオンのベルンハルト・ルッシ、さらに当時の英国首相の長男、マーク・サッチャーが参戦したことで知名度が高くなったことも影響したに違いない。

すでにレンジローバーやラーダ、メルセデスがワークスチームを投入し、トヨタ・フランスがランドクルーザーを投入するなどセミワークスチームも登場していたが、それに続くように三菱もパジェロの宣伝を目的とする活動としてダカールラリーへの参戦を決意。こうして三菱は1983年の第5回パリ〜アルジェ〜ダカールラリーで挑戦の扉を開き、栄光への第一歩を踏み出したのである。

1983年—初出場で総合11位完走 市販車無改造クラスを制覇

オフロードでの走破性とオンロードでの操縦安定性、快適性を併せ持つクロスカントリー4WDと

1983年のダカールラリー。三菱はパジェロのプロモーションの一環としてヨーロッパで高い人気を誇るパリダカへの参戦を開始し、アンドリュー・コーワンがデビュー戦で総合11位に着けたほか、市販車無改造クラスで勝利を獲得した。

して1982年5月に発売されたパジェロ。国内はもちろん、世界戦略車として海外輸出が前提となっていたことから、三菱は宣伝活動の一環としてパリ・ダカールラリーへの参戦を決意した。

とはいえ、当時の三菱はサファリラリーやサザンクロスラリー、日本アルペンラリーなど国内外のスプリントラリーの経験はあったが、クロスカントリーラリーは経験がなかった。そこで三菱はフランスの輸入代理店、ソノート社をテクニカルサプライヤーとして起用した。

ソノート社は三菱車の販売を担うほか、ダカールラリーにもソノート・ヤマハとして1979年の第1回大会から参戦しており、二輪部門ながらクロスカントリーラリーで豊富な経験を持っていた。チーム監督はソノート社で車両認証業務を担当していたウーリッヒ・ブレーマーで、三菱のワークスドライバーとして1970年代のWRC（世界ラリー選手権）やサザンクロスラリーで活躍したアンドリュー・コーワンをエースドライバーとして起用した。

マシンは車両重量的に有利なキャンバストップ仕様で、エンジンはパワー不足を理由に、4D55型の2.3L直列4気筒SOHCディーゼルターボに代わって、輸出モデル用にラインナップされていた4G54型2.6L直列4気筒SOHC自然吸気ガソリンエンジンをパワーユニットとして搭載した。

三菱のターゲットは市販車無改造クラスで、エンジン開発は三菱の京都製作所のエンジン研究部が担当した。改造範囲が厳しく制限されていることから、エンジンの改良もポート研磨やバランス取り、排気系の変更などファインチューニングに留められたが、最高出力はノーマル比で15％アップの110psまで高められていた。これと同時にクラッチも強化部品に変更され、フロントナックルやクロスメンバーも増岡浩の国内オフロードレースの経験を通じて対策されていた強化品を採用。これらの競技用ユニットを採用したベース車両をフランスへ送付し、ソノート社が契約するガレージ、ソシエテ・ベルナール・マングレー（SBM）で、アンダーカードや室内装備などの安全部品やラリー装備品の取り付け、ボディ補強など最終的な仕上げが行われた。

ちなみに、SBMは2004年より、三菱のモータースポーツ統括会社、MMSP（ミツビシ・モーター

1983年ダカールラリー。ゲオルゲス・ドビュッシーも9,257kmを走破し、総合14位、市販車無改造クラスで2位に入賞した。この結果、初参戦の三菱はベストチーム賞を獲得した。

1983年のダカールラリー参戦車。車両重量で有利なキャンバストップがベース車に使用された。フランスのガレージ、ソシエテ・ベルナール・マングレー（SBM）がマシンの製作を行った。

輸出用の4G54型2.6L直列4気筒SOHC自然吸気ガソリンエンジンを搭載。開発は三菱の京都製作所のエンジン研究室で行われた。ポート研磨やバランス取り、排気系の変更でノーマル比15%アップの110psまで最高出力が向上していた。

ス・モーター・スポーツ）としてダカールラリーの活動を担うが、日本でエンジンを開発し、フランスで車体の開発およびラリーオペレーションを担う体制は、三菱が2009年を最後にダカールラリーでの活動を休止するまで引き継がれた。

ソノート社は四輪車でのダカール参戦の経験はないものの、二輪のサポートカーとして四輪車を走らせていたことから競技用マシンの開発ノウハウを持っていたのだろう。1982年11月にベース車両が届いてからわずか2ヵ月間でダカールラリー用のパジェロを開発した。こうして三菱は1983年1月1日、ダカールラリーのスタートを迎えた。

1983年の第5回大会は1月1日にフランス・パリのコンコルド広場をスタートし、アルジェリア南東部のジャネットからニジェールに入り、デレネ砂漠を横断。そのままオートヴォルタ、コートジボワールまで南下し、その後はマリからモーリタニアを抜け、最後にセネガルへ入るという総走行距離9,257kmという過去最長のルートが設定されていた。SS距離は4,047kmで、休息日は未設定という過酷なスケジュールだった。実際には砂嵐により3つのステージがキャンセルになったとはい

え、385台のうち、完走を果たしたのは123台で、完走率32%というサバイバルラリーが展開されていた。

当然、改造範囲が制限されているパジェロにとっても過酷なイベントだったに違いない。それでも2台のサポートカーを含めて、三菱が投入した4台のパジェロは安定した走りを披露した。その結果、コーワンが総合11位で完走を果たし、市販車無改造クラスで初優勝を獲得。同時にトランスミッションなど主要部品を無交換で走りきるマラソンクラスでも勝利を獲得した。

さらにチームメイトのゲオルゲス・ドビュッシーが総合14位、クラス2位で完走を果たし、市販車無改造クラスで1-2フィニッシュを達成したほか、マングレーの駆るサポートカーも総合30位、クラス5位で完走を果たすなど、4台中3台が世界一過酷なダカールラリーで完走を果たした。この結果、初挑戦の三菱はベストチーム賞を獲得。この快挙によって新型モデルのパジェロは世界で注目を集めるマシンとなったのである。

1984年―総合3位に入賞
市販車改造クラスで1-2達成

　初出場のダカールラリーで市販車無改造クラスを制覇した三菱。まさにデビュー戦としては輝かしいリザルトとなったが、その一方で克服すべき多くの課題も見つかっていた。路面からの激しい衝撃の連続によって、ボディとシャーシをつなぐボディマウント部やAピラーの付け根にクラックが発生。さらに足回りに関してもパジェロはフロントのダンパーをダブルウィッシュボーンの間に通していたことから太いダンパーを装着できず、わずか1日でダンパー抜けが発生していた。なんとかメカニックたちの懸命な作業で完走を果たしたが、パジェロのボディは限界に達していた。

　「WRCは競技期間が3日から4日で走行距離も400km程度ですが、パリダカは2週間で10,000kmを争う競技。WRCはとにかくスピードが重要ですが、パリダカは耐久性や信頼性、整備性が求められてくる。それに長いステージでもドライバーが集中して走れるようにパリダカでは快適性も重要になっていました」。

　そう語るのは後に三菱でダカール競技用のパ

1984年ダカールラリー。参加台数は427台でポルシェ勢が911プロタイプ仕様車を投入するなど高速化の時代を迎えていた。

ジェロの車体開発を担う乙竹嘉彦だが、その言葉からもダカールラリーの過酷さが窺えた。そこで三菱はさらなる飛躍を果たすべく、市販車改造クラスにステップアップ。上位進出を目標に改造の自由度が高いクラスへ挑戦することになったのである。

　まず、室内の居住性を高めるべく、ベース車両を前年のキャンバストップからメタルトップへ変更したほか、エンジンも北米向けスタリオンに搭載されていた4G54型2.6Lターボに換装。市販車用のインタークーラーが使用されていたことから、加給圧はさほど上げられなかったが、最高出力は170psに高められていた。これに合わせてクラッチの圧着力を500kgから610kgへ強化、リヤのデファレンシャルギアのサイズアップ、ミッション内部の強度アップなど駆動系の改良を行った。ボディに関してもボンネット、ドア、テールゲートを軽量なカーボンケブラー製、フロント以外のウインドウを強化プラスチック製に材質を変更するほか、ロールバーも当時許可されていたアルミ製を採用するなど徹底的に軽量化が実施されていた。

　もちろん、ボディマウント部やAピラーの付け根など、1983年の大会でクラックが入った部分に補強が施され、さらに足回りも市販車改造クラスに変更したことで、懸案となっていたダンパー抜け対策としてツインショックを導入するなど前大会の経験をフィードバックしていた。同モデルの最高速は160km/hで、320Lの防爆燃料タンクを運転席後部に搭載して800kmの航続を可能にするなど、すべてにおいてパフォーマンスが向上していた。さらに体制面においても光学機器メーカーの日本光学、後のニコンがスポンサーとしてサポートを開始したこともあって、1984年の大会では三

1984年のダカールラリーで三菱は市販車改造クラスにステップアップ。エンジンを筆頭にボディパネルの材質置換による軽量化など徹底的なモディファイが重ねられていた。

菱の躍進が期待されていた。

　三菱にとって2度目のパリダカ挑戦となる1984年の第6回大会はパリをスタートし、アルジェリアの首都アルジェからアフリカへ上陸。その後、ニジェールからディルクー、アガデスとテレネ砂漠を横断し、再びニジェールからオートヴォルタ、コートジボワール、シエラレオネ、ギニアビサウ、セネガルを縫うルートが採用されていた。総走行距離は9,980kmと短縮されるも、SS距離は5,754kmへ拡大。1月1日のスタートから20日のフィニッシュまで休息日が未設定など、前年と同様に過酷なスケジュールで競技が争われた。

　参加台数はついに400台を超え、総勢427台がエントリーしていた。そのうち、完走を果たしたのはわずか148台と1984年の大会もサバイバルラリーが展開されるものの、三菱陣営は昨年の大会で総合11位に着けたアンドリュー・コーワンがポルシェやラーダ、レンジローバー、メルセデスなどの強豪プロトタイプ勢を相手に総合3位で完走。市販車改造クラスで勝利を獲得した。さらにチームメイトのユベール・リガルも総合7位でクラス2位に着け、三菱は市販車改造クラスで1-2

1984年ダカールラリー。室内の居住性を高めるべく、キャンバストップからメタルトップにボディ形状が変更されていた。また同年より後のニコンがサポート。191号車を駆るアンドリュー・コーワンが総合3位、市販車改造クラスで勝利を獲得した。

1984年ダカールラリー。192号車を駆るユベール・リガルも総合7位、市販車改造クラスで2位につけたことで、三菱勢が同クラスで1-2フィニッシュを達成した。

フィニッシュを達成した。

　一方、同イベントにはワークスチームとともに数多くのプライベートチームがパジェロを投入。市販車改造クラスに3台、市販車無改造クラスに5台がエントリーしていたのだが、そのなかでニコル・メトロ／モニカ・ドラウノエの女性コンビが躍進していた。2.3Lディーゼルターボエンジン搭載のパジェロで市販車無改造クラスをはじめ、マラソンクラスおよび女性部門を制し、三冠を達成したのである。

　このように三菱は進化を果たしたパジェロを武器に、1984年のダカールラリーで大きな飛躍を果たしたが、その一方で総合での優勝争いに関しては大きく引き離されていたことも事実だった。なかでも1984年の大会で猛威を発揮していたのが、911のプロタイプ仕様車を投入したポルシェワークスで、最高出力225psのハイスペックエンジンと4WDシステムを武器にポルシェ勢が21箇所のうち13箇所のSSでベストタイムをマーク。ルネ・メッジが圧倒的なスピードで逃げ切り、総合優勝を獲得していた。

　ポルシェ911の最高速度は210km/hで、最高速度160km/hのパジェロでは勝負にならなかった。

1984年ダカールラリー。ワークスチームのほか、プライベーターチームからも7台のパジェロが参戦しており、ニコル・メトロが市販車無改造クラスで優勝した。

冒険ラリーとして親しまれていたダカールラリーも耐久性さえあれば勝てていた時代は終焉を迎え、スピードを追求するイベントへ変化しつつあった。そこで、ダカールラリーの高速化に合わせて三菱は、翌1985年にプロトタイプの投入を決意した。ついに総合優勝をターゲットに〝世界一過酷〟なイベントにチャレンジすることになったのである。

1985年—プロトタイプの投入で 初優勝を獲得

　1984年のダカールラリーで3位を獲得した三菱は、同年4月にモータースポーツ統括会社「ラリーアート」を組織し、全日本ツーリングカー選手権に向けてスタリオンターボのグループA車両の開発に着手するなど、モータースポーツで積極的な活動を展開。同時にダカールラリーにおいても総合優勝をターゲットにプロトタイプ仕様のニューマシンを開発し、ポルシェを筆頭とするライバルたちにスピード勝負を挑むことになった。

　とはいえ、三菱初のプロトタイプ仕様車となった1985年型モデルは、市販車のラダーフレームとボディの別体構造を踏襲する市販車改造クラスに近いマシンだった。それでも、改造範囲が広がったことから、これまでの市販車改造クラスではできなかった大胆なモディファイが行われていた。

　まず、高速走行時の安定性を高めるべく、前軸を前進させてホイールベースを150mm延長し、エンジン搭載位置を後退させることで前後重量バランスに優れたフロントミッドシップに近いレイアウトとしていた。さらにボディパネルをカーボンケブラーで強化されたCFRP（炭素繊維強化プラ

1985年ダカールラリー。三菱は初のプロトタイプ仕様車を投入した。ホイールベースを延長してフロントミッドシップとしたほか、ボディパネルの材質変更で200kgの軽量化を実現。さらに足回りの構造変更など大幅なアップデートが実施されていた。

スチック）にすることで、前年比200kgの大幅な軽量化を実現した。

これに合わせてリヤサスペンションもリーフスプリング式からコイルスプリング式に変更した結果、路面追従性と乗り心地も改善。安定性もこれまでの車両とは比べものにならないほど向上しており、このサスペンション形式が後の市販モデルのリヤサスペンション開発に活かされることとなった。

もちろん、パワーユニットとなる4G54型2.6Lターボエンジンも進化していた。ターボチャージャーのサイズアップとインタークーラーの強化

1985年ダカールラリー。スピードで勝るポルシェ勢がトラブルで足踏みするなか、189号車を駆るパトリック・ザニロリが後半戦でトップに浮上。そのままゴールし、三菱が日本メーカーとして初の総合優勝を獲得した。

で最高出力が225psに向上。テスト段階ではギア比が低すぎて最高速が伸びなかったようだが、ファイナルギアを変更することで185km/hを記録した。

初のパジェロ・プロトタイプは市販車をベースにしながらも、過去の2大会で培った経験と新しいアイデアが注ぎ込まれたマシンで、三菱は1985年の大会に同モデルを2台投入。前大会で3位入賞を果たした三菱のエース、アンドリュー・コーワンに、レンジローバーを武器に前大会で2位につけていたパトリック・ザニロリを加えた2台体制で初優勝にチャレンジした。

1985年の第7回ダカールラリーは1月1日にフランス・パリをスタートし、3日のアルジェリアより本格的な競技がスタート。ダカールラリーの難所として名高いテネレ砂漠を2回横断するほか、12日に設定されたニジェールのアガデスでの休息日を挟んでからも、モーリタニア南部の砂漠にルートが設定されるなど、例年以上に過酷なラリーとなっていた。

参加台数も552台で、四輪部門だけで362台が参戦するなど、エントリーにおいても盛況を極めていた。そのなかで、三菱のライバルとして目さ

れていたのが前年の911 4WDから959にマシンを
スイッチしたポルシェワークスであった。ドライ
バーもジャッキー・イクス、レネ・メッジ、ヨッ
ヘン・マスと豪華な顔ぶれとなっていたことか
ら、ポルシェ陣営が優勝候補の一角として注目を
集めていたのだが、ポルシェ勢は頻発するトラブ
ルに苦戦。確かにポルシェ959は瞬間的なスピード
で他を圧倒していたが、ニューマシンにありが
ちなトラブルが相次ぎ、そのトラブルを挽回すべ
くペースを上げることによってまた別のトラブル
を誘発するなど、悪循環で足踏みを続けていた。

1985年のダカールラリーでは4G54型2.6Lターボエンジンも進化。ターボチャージャーとインタークーラーの強化で最高出力が225psまで向上していた。

　そのポルシェに代わってラリー序盤を支配し
たのが、ギィ・コルスールが駆る後輪駆動車のオ
ペル・マンタだったが、ラリー半ばでリタイアし
た3台のポルシェ勢とともに、コルスールのマン
タもエンジントラブルに見舞われ、トップ争いか
ら脱落。代わってトップに浮上したのが前半
戦を2番手で折り返したザニロリで、首位に浮上
してからもパジェロを武器にSSベストを連発し
ながら、22日間、総走行距離10,284km、SS距離
7,487kmの長距離ラリーを走破。パジェロで日本
車初の総合優勝を獲得した。チームメイトのコー
ワンも2位入賞を果たし、三菱勢が1-2フィニッ

シュでこの快挙を演出する。

　さらに同大会は完走車両がわずか146台で、完
走率も26%と過酷なイベントとなったが、現地か
らパジェロで出場したプライベーターも躍進して
おり、三菱ユーザーが市販車無改造クラス、マラ
ソンクラス、市販車改造クラスのディーゼル部門
でも勝利を獲得した。まさに1985年のダカール
ラリーは三菱勢の完全勝利で、パジェロは「ポル
シェに勝ったクルマ」として、そのパフォーマン
スを世界中にアピールすることとなった。

　なお、同大会には俳優の夏木陽介が菅原義正と
パジェロで初参戦を果たし、市販車無改造ディー

1985年ダカールラリー。188号車を駆るアンドリュー・コーワンが2位入賞を果たし、三菱が1-2フィニッシュを達成した。

1985年のダカールラリーには俳優の夏木陽介がパジェロで初参戦。チームメイトは日野自動車のエースとしてトラック部門で活躍することになる菅原義正だったが、ゴールを目前にしてリタイアした。

ゼルクラスで健闘していたのだが、残念ながらダ
カールまであと900kmの地点でリタイアに終わる
こととなった。

1986年ダカールラリー。序盤でラジエータのトラブルに祟られた
アンドリュー・コーワンだったが、粘りの追走により5位で完走を
果たした。

1986年—リガルが3位入賞
初参戦の篠塚は46位完走

　1985年の大会で総合優勝を獲得した三菱は、
1986年の大会に向けて3台のパジェロを投入。ド
ライバーはエースのアンドリュー・コーワン、前
大会王者のパトリック・ザニロリをそのままに、
1984年の大会を三菱で戦ったユベール・リガルが
復帰するなど豪華な顔ぶれで、マシンに関しても
細部のアップデートが実施されていた。

　1985年のパジェロ・プロトタイプ仕様を改良し
た1986年型モデルはCFRP製のボディ外板を一新
することで空力性能を追求。シャーシ面もホイー
ルベースを50mm延長し、足回りもダブルウィッ
シュボーン式独立懸架のフロントサスペンション
のスプリングをトーションバーから各輪2本ずつ
のショックアブソーバー同軸式コイルに変更され
ていた。この結果、パジェロは操縦安定性と乗り

心地のレベルアップを実現した。

　一方、パワーソースとなる4G54型2.6Lターボ
エンジンは、前年型モデルと同様に最高出力が
230psとスペック上における進化はあまり果たし
ていなかった。というのも、1986年型パジェロの
トランスミッションは市販車用の強化品が採用さ
れていたことから最大トルクの容量が35.0kg-mに
制限されていた。つまり、1986年型モデルはトラ
ンスミッションのトラブルを考慮し、パワーアッ
プができない状態となっていた。

　それでも、1979年からWRC用のエンジン開発を
行い、1984年からダカールラリー用のエンジン開

1986年のダカールラリーは逃げるポルシェVS追う
三菱の構図でトップ争いが展開。しかし、大会創設
者、ティエリー・サビーヌが事故で他界したほか、
天候の悪化でルートが変更されるなど追走のチャン
スを失った三菱勢は苦戦し、ユベール・リガルの3
位が最上位となった。

1986年ダカールラリー。好スタートを切りながらもミッショントラブルで後退したパトリック・ザニロリも7位で完走を果たした。

発を担当してきた三菱のエンジニア、幸田逸男によれば「1984年と1985年はオーバーヒートの状態で水温も130℃が当たり前でしたからね。それに対応するために、シリンダーヘッドガスケットもグループBで実績のあるメタルガスケットをいち早く採用しました」とのことで、細部の改良が実施されていた。

　1986年の第8回ダカールラリーは1月1日にフランスのベルサイユ宮殿前をスタートし、22日にラックローズでゴールする22日間の日程で開催。総走行距離は12,679kmとダカールラリー史上の最長距離を更新し、フランス、アルジェリア、ニジェール、マリ、ギニア、セネガルの6ヵ国をまたぐ過酷なコースが設定されていた。

　参加台数は486台で、そのうち四輪部門は282台がエントリー。そのなかで幸先の良いスタートを切ったのが、大会2連覇を狙う三菱のワークスチーム「チーム三菱ニコン」のパジェロだった。昨年の王者、ザニロリが序盤の2本のSSでベストタイムをマークし首位に浮上。しかし、アルジェリアでミッショントラブルに見舞われて後退、チームメイトのコーワンもラジエータのトラブルで伸び悩む。

　これに対してリベンジに燃えるポルシェ勢は959を武器にレネ・メッジが首位、ジャッキー・イクスが2番手に着けるなど、トラブルに喘ぐ三菱勢を尻目に1-2体制を形成。一方、三菱勢ではノートラブルのリガルが3番手に浮上し、SSベストを連発しながら上位2台を猛追した。まさに逃げるポルシェVS追う三菱という構図でトップ争いが展開されるなか、後半戦を迎えた1月14日、予想外のハプニングが発生し、大きな転換を迎える。ダカールラリーを創設し、主催者として大会の発展に尽力してきたティエリー・サビーヌがヘリコプターの事故で他界。サビーヌの意思を継ぎ、16日より競技が続行されたものの、進行の遅延を理由に17日のSSをキャンセルとし、ギニアのラベに休息日が設定されるなど1986年の大会は大混乱をきたすこととなったのである。

　モーリタニアに入っても猛烈な砂嵐が発生し、19日のSSがキャンセルされるほか、競技ルートが大幅に短縮されるなど、追う立場の三菱にとっては不利な展開が続いた。結局、三菱は23箇所のうち12箇所のSSでベストタイムを叩き出し、抜群のスピードを見せつけながらも、トップ奪還には至らず2台のポルシェ勢に惜敗。リガルが3位でフィ

1986年のダカールラリーで日本人ドライバーの篠塚建次郎が初出場。チーム三菱シチズン夏木のパジェロで市販車無改造ディーゼルクラスに参戦した。

1986年のダカールラリーでクロスカントリーラリーにデビューした篠塚建次郎。度重なるトラブルに苦戦しながらも総合46位で完走を果たした。

ニッシュし、コーワンが5位、ザニロリが7位に終わることとなった。

　とはいえ、1985年の総合優勝が影響したのだろう。1986年の第8回ダカールラリーには三菱ワークスが投入した3台のプロトタイプ仕様のほか、プライベーターチームのパジェロが61台に増えており、1983年の初出場以来、市販車無改造クラスで4連覇を達成した。さらに参戦4年目の菅原義正が日本人ドライバーの最上位となる総合33位、市販車無改造ディーゼルクラス5位で自身初の完走を果たした。

　そして、1986年のダカールラリーにおいて欠かすことのできないエピソードとなるのが、後に日本人初のダカールウィナーとなる篠塚建次郎の初参戦にほかならない。「パジェロの商品企画を経て海外企画室の宣伝グループでパリダカを担当していた近藤（昭）さん（注：ラリーアート社長）に日本人ドライバーが必要だからお前が出ろ、と言われてね。WRCみたいにスピードを競うスプリントラリーと違って、パリダカはアドベンチャーラリーだからそんなに興味はなかったけれど、久しぶりに本格的なラリーができるから喜ん

でチャレンジしたよ」と語るように、篠塚は参戦2年目の夏木陽介のチームメイトとして「チーム三菱シチズン夏木」から市販車無改造ディーゼルクラスに参戦していた。

　篠塚は1985年のマレーシアラリーに参戦していたが、本格的なラリーは4位入賞を果たした1977年のサザンクロスラリー以来、実に9年ぶりで、クロスカントリーラリーに関しては初挑戦だった。しかし、篠塚は「市販のディーゼル車だったから砂漠に入ると最高速度は70km/hぐらいでとにかく遅いし、よく壊れたけれど完走を目指して走った」と語るようにコンスタントな走りを披露している。最終日にはオイル漏れのトラブルに見舞われるものの、篠塚は総合46位、マラソンクラス9位で完走。「朝から晩まで走り続けるし、クルマが壊れたり、ミスコースをしたらベース地に辿り着くのは明け方なんてこともざらだったからね。とにかくしんどいラリーという印象しかなかった」と語るものの、篠塚はリタイアに終わったチームメイトの夏木に代わって過酷なラリーを走破した。

1987年―プジョーの参入で高速化
篠塚が3位入賞

　1987年の第9回ダカールラリーは大会創設者であるティエリーの父、ジルベール・サビーヌが大会を主催するTSO（ティエリー・サビーヌ・オーガニゼーション）の代表に就任し、ティエリーの右腕と呼ばれていたパトリック・ベルドアのオーガナイズで開催された。コースディレクターを担当したのは前大会のウイナーであるレネ・メッジで、1986年の第8回と同様に1月1日に

1987年ダカールラリー。参戦2年目の日本人ドライバー、篠塚建次郎が素晴らしい走りを披露。セカンドチームのチーム三菱シチズン夏木からの参戦で、マシンも1986年型モデルの"型落ち"だったが、3位入賞を果たした。

パリをスタートし、アルジェリアを経て、22日にダカールのラックローズでフィニッシュする総走行距離12,266kmのルートが設定されていた。

　総勢539台のエントリーを集めた同大会では前年のチャンピオンチーム、ポルシェが撤退していた。しかし、強豪ポルシェに代わって1985年、1986年のWRCでドライバーズ部門およびマニュファクチャラーズ部門で2連覇を達成したプジョーが参入。WRCでグループB規定が廃止されたことから、新しい活動の舞台を求めてプジョーはダカールラリーへの挑戦を開始していた。主力マシンはWRCで栄華を極めたプジョー205ターボ16で、名将と謳われたジャン・ドットがチーム監督を担当。ドライバーの顔ぶれも1981年のWRCチャンピオン、アリ・バタネンをエースに起用するなど豪華な体制だった。

　これに対して迎え撃つ三菱陣営もワークスチームの「チーム三菱ニコン」は1987年型モデルを投入するなど、パジェロ・プロトタイプ仕様の改良が図られていた。具体的にはパワーユニットとなる4G54型ターボエンジンに加給圧の3段切り替え調整装置を備えることで最高出力を250psまで高

め、これに合わせてトランスミッションも5速の市販車用のハウジングに4速の補強ギアを組み合わせた改良型に変更、燃料タンクもロングクルーズに備えて容量が400Lに増量されていた。

　ドライバーに関しても豪華な顔ぶれだった。アンドリュー・コーワンを筆頭にジャン・ダ・シルバ、ユベール・リガルを起用するほか、サポート体制の強化を図るなどタイトル奪還に向けた体制が構築された。しかし、エースのコーワンが伸び悩み、シルバが7日のSS6で車両火災に見舞われてリタイアするなど、この充実した体制を持ってしても三菱勢は苦戦を強いられた。ニジェールを舞

1987年ダカールラリー。三菱ワークス、チーム三菱ニコンはエンジンやミッションを強化した1987年型モデルを投入したものの、最高位はアンドリュー・コーワンの8位に留まった。

1987年ダカールラリー。SS7およびSS8でベストタイムをマークしたユベール・リガルだったがSS14で転倒しリタイア。ジャン・ダ・シルバもSS6で車両火災に見舞われてリタイアするなど、三菱勢は苦戦を強いられた。

台にしたSS7およびSS8でリガルがベストタイムを叩き出すものの、16日のSS14で転倒を喫し、そのままリタイアすることになったのである。

この不振に喘ぐ三菱勢を尻目にラリーを支配したのがプジョー勢だった。WRCのグループB仕様からクロスカントリー仕様にモディファイされた205ターボ16は360psを絞り出すエンジンを搭載し、230km/hの高速グルージングを実現。当然、そのスピードと引き換えにプジョー205は一日で限界を迎えることになったが、約30人のメカニックと大量のスペアパーツを持ち込んだプジョーは一晩で完璧なリペアを実施することで耐久性不足を克服していた。

つまり、プジョーは長丁場のクロスカントリーラリーをスプリントラリーの連結と考え、スピードを追求しながら物量を駆使したサービスでライフの延長を図っていた。1987年の大会ではこの戦略が見事に的中し、プジョー陣営が序盤から主導権を握った。まず、サファリラリーで優勝経験を持つシェーカー・メッカがラリー序盤をリードするほか、序盤で出遅れていたエースのバタネンも好タイムを連発し、前半戦を終える前にトップへ

浮上する。結局、バタネンはそのまま逃げ切り、バタネンおよびプジョーがダカール初優勝を獲得。対する三菱ワークスは唯一生き残ったコーワンがなんとか完走を果たすものの、8位に留まることとなった。

このようにプジョーの参戦で1987年の大会は高速化が進み、三菱ワークスの「チーム三菱ニコン」は惨敗に終った。しかし三菱のセカンドチーム「チーム三菱シチズン夏木」が躍進していた。同チームは文字どおり俳優の夏木陽介が率いるチームで、参戦3年目を迎えた1987年は夏木が監督に専念。1986年の大会でダカールラリーにデビューした篠塚建次郎とダカール初挑戦の増岡浩の日本人ドライバーの2台体制でエントリーしていた。マシンは前大会でワークスチームが使用した1986年型モデルを採用。「型落ちといってもプロトタイプだからね。前年の市販車無改造と違って砂漠でも150km/hのハイペースで走れるし、まったく壊れないから楽しかったよ」と語るように、参戦2年目の篠塚が序盤から素晴らしい走りを披露していた。

ラリー前半でプジョーのバタネン、レンジローバーのパトリック・ザニロリに続いて3番手に着けると「そんなにプッシュしたわけではないけれど、タイムは良かった」と語るように篠塚はラリー後半でも好タイムを連発した。さらにSS17では日本人で初めてSSベストを獲得。その結果、「パリダカは奥が深い。WRCみたいなスプリントラリーはコーナリング勝負だけど、パリダカは直線をいかにスピードを落とさずに走るかが勝負のポイントだった。独特のテクニックが必要だから最初は難しかった」と語りながらも、篠塚は参戦2年目にして総合3位に入賞し、クロスカントリー

1987年ダカールラリーで日本人ドライバーとして初の3位入賞を
果たした篠塚建次郎。SS17ではベストタイムをマークするなどス
ピードも披露した。帰国後、篠塚は様々な会場で行われた報告会に
参加した。

1987年のダカールラリーはプジョーが圧倒的なスピードで優勝す
るなか、日本人ドライバーの増岡浩が篠塚建次郎のチームメイト
としてパリダカにデビュー。点火系のトラブルで29位に終わったが、
2本のSSベストをマークするなど、そのスピードを見せつけた。

ラリーでもその才能を証明した。

　一方、チームメイトの増岡は初挑戦のダカール
ラリーで苦戦を強いられていた。増岡はオフロー
ドレース出身のドライバーで、1982年からはパ
ジェロを武器に活躍し、1983年および1984年の
国内選手権でタイトルを獲得。さらに1985年に
はエジプトのファラオラリーで3位、1985年およ
び1986年のオーストラリアン・サファリで3位、
1986年にはモロッコのアトラスラリーで2位に着
けるなど国際イベントでも頭角を現していた。そ
のパフォーマンスはチームメイトの篠塚に「全日
本ラリーやサザンクロスラリーなど国内外のスプ
リントラリーを戦ってきたからスピードでは負け
ない自信があったのだけれどね。砂漠に行くと増
岡が速いんだよね」と言わしめるほど飛び抜け
た存在だった。

　それだけに増岡も「国内で負けなしだったし、
海外でも結果を残していたからパリダカでも10
位以内に入る自信はあった」と振り返るものの、
初挑戦のダカールラリーで点火系のトラブルが発
生し、「スペアもあったが、そのスペアも壊れて
いて予定時間に着けなかった」と語るように10時

間のペナルティを受け、トップ争いから脱落する
こととなった。結局、「この大会が初めての挫折
だった。トラブルがなければ3位か4位に入れたと
思ったが、つまらないトラブルで順位を落として
しまった。自分が一番速いと思っていただけに情
けなくて泣きたくなった」と語るように、増岡は
29位で初挑戦のダカールラリーをフィニッシュ。
しかし、2本のSSでベストタイムをマークするな
ど、増岡はそのスピードを披露、最後まで諦めず
に同ラリーを走破したことで、チーム三菱シチズ
ン夏木のベスト・チーム賞の獲得に貢献した。

　そのほか、1987年の同大会においてもパジェロ
を駆るプライベーターが躍進しており、オランダ
から出場したウィレムおよびコルネリスのタイス
ターマン夫妻が総合12位で市販車改造クラスを制
覇。さらに日本人ドライバーの菅原義正が総合87
位でディーゼルマラソンクラス5位に着けるなど、
多くの三菱ユーザーが各クラスで活躍していた。

1988年—空力性能を追求
旧型モデルで篠塚が2位入賞

　1987年の第9回ダカールラリーでプジョーの後塵を拝した三菱は、高速化を果たした近代ラリーに対応すべく、1988年の第10回ダカールラリーに向けてパジェロ・プロトタイプ仕様の改良を実施した。まず、シャーシにおいてはホイールベースを50mm延長し、サスペンションストロークも50mm拡大した。さらに最高速200km/hの壁を破るべく、空力性能の追求が実施されていた。

　1983年の初参戦以来、初めて空力研究のスタッフが加わり、1/4クレイモデルによる日本国内での風洞実験によってエアロフォルムが追求された。こうした基礎開発によって、ルーフ後端部を大きくえぐり、テール部分に丸みをつけた〝エッグ

シェイプボディ〞が完成。この独自のフォルムを採用することによって、1988年型モデルはCd値が約20%減少し、計算上で最高速220km/hに達することに成功していた。

　これに合わせて4G54型ターボエンジンも「1987年にプジョーが圧倒的な速さを見せていましたからね。これはいかんぞ……ということで、チュニジアで行われた事前テストに同行してきっちりと煮詰めました」とエンジン開発を担当していた幸田逸男が語るように圧縮比と過給圧のアップにより、最高出力は275psまで向上していた。まさに1988年型のパジェロは優れたエアロボディと強力なエンジンを手に入れていたのだが、市販車のラダーフレームをベースとするパジェロと、プジョーが投入するチューブラーフレーム構造の純プロトタイプカーでは依然として性能格差は大き

1988年ダカールラリー。チーム三菱シチズン夏木で215号車を駆る篠塚健次郎。型落ちの1987年型モデルだったが終始安定した走りを披露した。

なものだった。

　事実、2連覇を狙うプジョーは1988年の大会にむけて前年と同様に205ターボ16のほか、より空力性能に優れた405ターボ16を投入していたのだが、車両重量ひとつを比べても1700kg前後の205/405に対してパジェロは1865kgとその差は歴然だった。三菱陣営はアンドリュー・コーワンおよびピエール・ラルティーグを要する「チーム三菱ニコン」へ1988年型の最新モデルを供給し、「チーム三菱シチズン夏木」からは篠塚建次郎、ベルナール・ベガンが1987年型モデルで参戦するなど、タイトル奪還にチャレンジ。さらに二輪部門のガストン・ライエのクイックアシスタンスとして参戦2年目の増岡浩も三菱のワークスカーでエントリーしていた。

　1988年の第10回ダカールラリーは日本企業のパイオニアが冠スポンサーを務め、テレビを軸にした露出拡大が実施されたことも影響したのだろう。四輪だけで311台のエントリーを集めたほか、二輪183台、トラック109台を含めた合計の参加台数は603台でダカールラリー史上最多の参加台数を更新した。

　ドライバーの顔ぶれも豪華なラインナップで、前年のチャンピンチーム、プジョーが前大会ウイナーのアリ・バタネン、耐久レースのスペシャリスト、アンリ・ペスカロロにニューマシンの405ターボ16を、WRCチャンピオンのユハ・カンクネンとアラン・アンブロジーノには優勝実績のある205ターボ16を供給、ディフェンディングに向けて体制を強化していた。さらにレンジローバーが1985年のウイナー、パトリック・ザニロリを起用したほか、ポルシェ911で元F1ドライバーのジャック・ラフィットやジャン・ピエール・

ジャボイーユが参戦したことも注目を集めていた。そのほか、トヨタ・フランス、ラーダ・ニーヴァ、メルセデス・ベンツなどセミワークスチームが参戦。二輪部門で活躍していたユベール・オリオールも同年から四輪に転向し、フォルクスワーゲン製のエンジンを搭載したバキーで参戦していた。

　まさに1988年のダカールラリーはオールスター的なメンバーが顔を揃えていたのだが、総勢603台のうち、ダカールのゴールへ辿り着いたのは約半分の302台であった。記念すべき第10回大会は1月1日にフランス・ベルサイユをスタートし、アルジェリア上陸後はニジェールを経て、11日にアガデスに休息日を設定。後半戦はマリ、モーリタニアを経て22日にダカール・ラックローズでゴールを迎えるという流れはそれまでと大きく変わらないが、レネ・メッジが設定したコースは過酷なものだった。総走行距離は12,874km、SS距離は6,884kmで、砂嵐により4区間のSSがキャンセルとなったが、アルジェリアの初日で実に100台以上ものマシンがリタイアしたことからもその厳しさが窺えた。さらに高速区間を中心に計7件の死亡事故が発生。なかでもダフ・チームの転倒事故はダカールの高速化に疑問を投げかけるアクシデントで、翌1989年のトラック部門休止のひとつのきっかけとなった。

　この完走率50%のサバイバル戦でコンスタントな走りを披露したのが、前大会のウイナーであるバタネンで、ニューマシンのプジョー405ターボ16で好タイムを連発していた。プジョー205ターボ16を駆るカンクネンが2番手に続き、プジョー陣営が1-2体制を形成した。これに対して三菱陣営はチーム三菱ニコンのコーワン、ラルティーグ

が1988年型モデルで奮闘するものの、2台はオーバーヒートに見舞われてリタイア。代わって奮闘を見せたのが、チーム三菱シチズン夏木より1987年型モデルで出場した篠塚で「型落ちの"おさがり"だったけれど、いいクルマだった。前大会で実績があったからまったく壊れなかった。安心してラリーができたよ」と語るように安定した走りを披露し、3番手をキープした。

　トップ争いに変動が見られたのはマリのバマコに入ってからだった。首位につけていたバタネンのプジョー405ターボ16がビバークで盗まれる前代未聞のトラブルが発生。無事に車両は発見され

1988年ダカールラリー。最新モデルを投入したチーム三菱ニコンだったが、オーバーヒートでリタイアとなる。写真は212号車を駆るアンドリュー・コーワン。

るものの、スタート時間に間に合わず失格になったのである。このハプニングを受けてプジョー205ターボ16を駆るカンクネンがダカールラリーでの初優勝を獲得し、プジョーワークスが大会2連覇を達成した。このカンクネンに続いて2位に着けたのが「クルマは良かったのだけれど、プジョーとのパフォーマンスの違いは歴然だった。ただ、ベストパフォーマンスは出せたと思う」と語る篠塚で自己ベストリザルトを更新した。

　このように旧式モデルで三菱勢の最上位を獲得しただけに、篠塚にとって1988年のダカールラリーは良き思い出として記憶されることになったが、同じ日本人ドライバーの増岡にとって同イベントは苦い思い出となった。参戦2年目の増岡は「入れた燃料にヘドロが入っていたみたいで、燃料パイプが詰まってしまった。なんとか再スタートしたのだけれど、やっぱり直っていなくて砂漠で立ち往生」と語るように燃料系のトラブルでリタイアしている。「今になって思えば、前日に息づきの症状があったから兆候は出ていたのだけれど、当時は砂漠のことやクルマのことを分かっていなくて発見できなかった。前年の1987年もつま

1988年ダカールラリー。三菱の最新パジェロは独自のフォルムを確立することで220km/hの最高速を実現したほか、エンジンも圧縮比と過給圧の改良で275psまで最高出力を高めていた。写真は213号車を駆るピエール・ラルティーグ。

1988年ダカールラリー。1987年型モデルを駆る篠塚健次郎が躍進。「おさがりだったけれど、いいクルマだった。安心してラリーができた」と語るように2位入賞を果たし、自身のベストリザルトを更新した。

1988年ダカールラリー。篠塚建次郎のサポートを務めたジャン-ピエール・フォントネが総合12位で完走。フォントネは後にワークスチームで才能を発揮することになる。

1989年―開発体制を刷新
先行研究車両〝岡崎プロト〟の開発に着手

　第10回ダカールラリーから3ヵ月後の1988年4月、三菱のダカールラリーへの取り組みが大きく変貌した。V奪還を目標にする三菱は体制を強化。これまでダカールラリーへの参戦は海外企画室宣伝グループ（当時）の広報宣伝活動として取り組まれていたのだが、三菱自動車が全面的に取り組むプロジェクトへと発展し、乗用車技術センターの研究部開発課内にダカール用パジェロ開発を担うモータースポーツチームが設置されることになったのである。

　モータースポーツチームの陣頭指揮をとったのが当時の研究部部長の三田村樂三で、山本祥二が車体開発チームの初代主任に就任した。マシン開発の実務を担当したのは岩田秀之で、こうして新体制のもとダカールラリー用パジェロの開発が行われることになった。

　車体開発チームが担当したのは次期モデルの先行開発で、車両の制作やラリーオペレーションなどは従来どおり、フランスのソノート社およびソノート社が契約するガレージのSBM（ソシエテ・

らないトラブルでチャンスを失っていたし、1988年もトラブルでリタイアしていたので、最初の2年間はパリダカに対してあまり良い印象がない」と語るように2年連続で低迷することになった。

　とはいえ、ワークスカーを貸与されたウィレムおよびコルネリスのタイスターマン夫妻が総合8位で完走し、篠塚のサポートを務めたジャン-ピエール・フォントネが総合12位で完走を果たすなど、その他のパジェロユーザーが躍進。三菱勢が市販車改造ガソリンクラスで1位から4位までを独占するなど、同大会においてもパジェロのパフォーマンスを証明した。

1989年ダカールラリー。情勢不安を理由に初めてアルジェリアを通らないルートが採用されたほか、WRC第1戦、ラリーモンテカルロとの重複を避けるべく、日程も1988年12月25日のスタートに変更されるなど様々な改革が実施されていた。

ベルナール・マングレー）が担当した。1989年の
ダカールラリーは例年よりも開催日程が1週間ほ
ど早く設定されたため、新設の車体開発チームは
すぐに1989年の第11回大会に向けた改良に着手。
これと同時に1990年の第12回ダカールラリー以降
の実戦投入に向けて、マルチチューブラーフレー
ム構造を採用した先行研究用車両、岡崎プロト
（プロトタイプ）の開発にも着手していた。

1989年型のパジェロは市販車のラダーフレー
ムをベースにした前年型パジェロの改良型モデル
で、パフォーマンスアップを図るとともに、前
大会の反省からオーバーヒート対策をはじめとす
る信頼性の向上をテーマに開発されていた。具体
的にはそれまで鋳鉄製だったデフキャリア、デフ
ハウジングをアルミ化することにより、フロント
アクスルで約7kg、リヤアクスルで約15kgの軽量
化を実現。さらにオーバーヒート対策としてラジ
エータのレイアウト変更および大型化、ファンク
ラッチの採用など細部の改良が実施されていた。

エンジンに関しては1989年のダカールラリーよ
りターボチャージャーの吸入口径を45mm以下に
制限する規定が採用されていたが、三菱のエンジ
ニアはコンプレッサーを改良することによって昨

1989年ダカールラリー。エンジンは従来どおり、4G54型2.6L
ターボが搭載された。コンプレッサーの改良により275psの最高
出力を実現した。

年型モデルと同等の出力確保に成功している。そ
のほか、ヒューランド社製のトランスミッション
の採用で変速段数の5段化が実施されるなど細部
の熟成も一段と進んだ。

このように開発体制の刷新でハード面が着実
に進化したが、ダカールラリーが社内で正式に承
認されたことから、1989年の大会はソフト面、
つまりドライバーのラインナップも強化されてい
た。まずワークスチームの「チーム三菱ニコン」
より、アンドリュー・コーワン、ピエール・ラル
ティーグ、ジャン・ダ・シルバが1989年型モデル
で参戦。さらに、それまで旧式モデルで参戦して
いたセカンドチーム「チーム三菱シチズン夏木」
も三菱勢の2本柱として最新スペックでエント
リーした。しかも、篠塚建次郎、パトリック・タ
ンベイ、ジャン-ピエール・フォントネの3台体制
に拡大され、三菱は計6台の最新モデルを投入し
ていた。

1989年のダカールラリーは転換期となったイベ
ントで、様々な改革が実施されていた。まず、注
目すべきポイントは情勢不安を理由に初めてアル
ジェリアを通らないルートを採用したことで、パ
リのスタート後はチュニジアからアフリカへ上陸
し、リビアを経てテレネ砂漠の東側へ到達する新
たなルートが採用されていた。

これと同時にWRCの開幕戦、ラリーモンテカル
ロとの重複を避けるべく、開催日程も変更。1988
年12月25日にフランス・パリをスタートし、1989
年1月3日、アガデスの休息日を経て、13日にダ
カール・ラックローズでゴールするといったよう
に1週間前倒しして開催されることとなった。

そのほか、当時の国際自動車連盟のスポーツ
部門であるFISAの規則制定により、クロスカント

1989年ダカールラリー。三菱は体制を強化。2
チームより計6台の新型モデルを投入したが、粗悪
ガソリンの影響でエンジントラブルが頻発した。最
上位は211号車を駆るパトリック・タンベイの3位
に終わった。

リーレイド競技がカテゴリーとして創設され、複
数の国を通過するダカールラリーが「マラソンク
ロスカントリーレイド」と呼ばれることになった
ことも、1989年の改革を語るときに欠かせない
エピードと言える。さらにFISAはグループT規定
を導入し、従来の市販車無改造をT1、市販車改造
をT2、プロトタイプをT3に分類。レギュレーショ
ン自体は従来のダカールラリーの規則がベースに
なっており、T3クラス用のパジェロ・プロトタイ
プの変更はルーフ上のクラス認識灯の廃止程度で
あった。T1、T2、さらに市販トラックのT4で使用
するベース車両にはグループTの車両公認が必要
となり、連続する12ヵ月間にT1およびT2は1000
台以上、T4は15台以上の生産がホモロゲーション
（車両公認）取得の条件となった。

　このように11回目のダカールラリーは新たな
スタイルを採用していたのだが、総走行距離は
10,794km、SS距離は6,281kmで、"パリダカ"とし
ての過酷さは変わらなかった。ラリー序盤から脱
落者が続出するなか、1989年の大会においても三
菱勢とプジョー勢が激しい上位争いを展開。しか
し、三菱勢は現地で調達した粗悪ガソリンの影響

でエンジントラブルが頻発し、先行するプジョー
勢に付いて行くことができずにトップ争いから脱
落した。SSにおけるベストタイムも篠塚がバマコ
〜ラベで記録した1区間のみで、スピードを見せ
ることもできずに大会を終えることとなった。

　結局、プジョー405ターボ16を駆るアリ・バタ
ネンが自身2度目の勝利。さらにチームメイトの
ジャッキー・イクスが2位に着け、プジョー勢が
1-2フィニッシュで大会3連覇を達成した。これに
対して苦戦を強いられた三菱勢も粘り強い走りを
披露しており、タンベイが3位、ウィレムおよび

1989年ダカールラリー。1989年型モデルはラジエータの改良を
はじめとするオーバーヒート対策やデフキャリア、デフハウジング
のアルミ化による軽量化など細部の改良が実施された。212号車
を駆る篠塚健次郎は6位でフィニッシュした。

1989年ダカールラリー。クロードおよびバナードのマロー兄弟が新型の6G72型3.0L V6エンジンを搭載したパジェロでエントリー。総合17位、T2クラス（市販車改造クラス）のガソリン部門で勝利を獲得した。

コルネリスのタイスターマン夫妻が5位で完走。さらに「1987年が3位、1988年が2位で、1989年は新型車だったので今度こそは優勝と思っていたのだけれどね。そうは上手くいかなかった」と語るように篠塚は6位で終わった。それでも、フォントネが7位、ダ・シルバが10位に着けるなど三菱勢が上位10台中5台を占め、パジェロの信頼性の高さをアピールした。

そのほか、新型の6G72型3.0L V6エンジンを搭載したパジェロで出場したクロードおよびバーナードのマロー兄弟が総合17位でT2クラス（市販車改造クラス）のガソリン部門で勝利を獲得。総

合優勝こそ逃すものの、三菱勢が各クラスで上位完走を果たした。

1990年—ラダーフレームの最終型プロトタイプでコーワンが4位入賞

1988年に愛知県岡崎市の乗用車技術センターにモータースポーツチームを設置し、本格的に車体開発に着手した三菱。その岡崎の開発チームが手がけた先行研究用車両、岡崎プロトの1号車が完成したのは、第11回のダカールラリーを終えた直後の1989年2月のことだった。

同モデルはマルチチューブラーフレーム構造のシャーシに、前後のAアームを共用化した4輪ダブルウィッシュボーン式独立懸架を備えたプロトタイプ仕様車で、ちょうどこの頃、レギュレーション変更でターボが禁止になると噂されていたこともあって、エンジンは従来の4G54型2.6L SOHCターボエンジンに代わって4G63型2.2L DOHC自然吸気エンジンがフロントミッドシップで搭載されていた。しかも、4G54型エンジンより全長が70mmも短いコンパクトな4G63型エンジンを右側にオフセットし、フロントデフを車体中央にレイ

1990年ダカールラリー。三菱は信頼性の高い従来モデルと岡崎プロトのアイデアを取り入れた1990年型モデルを投入。先行テストを目的に4G63型2.2L DOHCターボを搭載した207号車を武器にアンドリュー・コーワンが三菱最上位となる4位で完走した。

アウト。こうすることでドライブシャフトの長さを延ばし、ジョイントの折れ角度を小さくでき、年々向上するエンジン出力に対して理想的なドライブシャフトの長さが確保されていた。

　そのほか、市販車のラダーフレームを使用していた従来のプロトタイプ仕様車の車両重量1527kgに対して、マルチチューブラーフレームの同モデルは1300kg前後と約200kgの軽量化を実現するなど、車両重量だけを比較してみても岡崎プロトのパフォーマンスの良さが窺えた。事実、同モデルは国内でのテストを経て、1989年7月のハバ・スペインにテスト参戦し、ソノート社のフランス人メカニックのドライブで一時は3番手を走行するなどデビュー戦から素晴らしい走りを見せていた。残念ながらトリップの故障でミスコースを演じた結果、岡崎プロト1号車のデビュー戦は36位に終わったが、800kmをノートラブルで走破しただけに、この一戦で岡崎の開発チームは手応えを掴んでいたに違いない。

　とはいえ、走行距離が10,000kmにも及ぶダカールラリーへ投入するには信頼性の面でさらなる成熟が必要と判断されたため、1990年の第12回大会には岡崎プロトの投入が見送られ、1989年型モデ

ルのアップデート車両が使用されることとなった。

　市販車ベースのラダーフレームを使用したプロトタイプとして最終モデルとなった1990年型モデル。その最大のポイントはリヤサスペンションだった。それまでのリジット式に代わって岡崎プロトで採用されていたダブルウィッシュボーン式の独立懸架に変更。つまり、1990年型モデルは信頼性の高い従来モデルと先行技術を搭載した岡崎プロトのアイデアを併せ持つハイブリッドバージョンに仕上がっていたのである。

　エンジンは従来の4G54型2.6L SOHCターボながら280psまで最高出力が高められたほか、アンドリュー・コーワンのマシンには信頼性の確認を目的に4G63型の2.2L DOHCターボが搭載されていた。この新型エンジンはWRCのグループA仕様のギャランに搭載されていた2.0Lインタークーラーターボエンジンのボア・ストロークを拡大したもので、前述のとおりコンパクトなサイズと、ショートストロークによるパワー向上の可能性を求めて、岡崎プロトの1号車にも4G63型の2.2L DOHCの自然吸気バージョンが搭載されていた。つまり、コーワン車はエンジン面においても岡崎プロトのユニットを取り入れたハイブリッドバー

1990年ダカールラリー。三菱はラダーフレームとしては最終型のプロトタイプカーとなる1990年型モデルを投入したが、メカニカルLSDにトラブルが続出した。それでも209号車を駆る篠塚建次郎が5位で完走。

ジョンで、エクステリアこそ、1989年型モデルと大きな変わりはないものの、中身に関しては先行開発の技術が注ぎ込まれていた。

気になるパフォーマンスも1990年型モデルはテスト段階で1989年型モデルと比較して、砂漠走行時のタイムが1kmあたり3秒のタイムアップを実現していた。1987年から3連勝しているプジョーとこれまでのパジェロの実戦でのタイム差はピーク時で1kmあたり約3秒だったが、1989年の大会では1kmあたり1秒まで短縮されており、机上の計算では十分に優勝が狙えるレベルとなっていた。

加えてチーム編成も充実していた。前大会の2チーム×3台の計6台から、1990年の同大会は2チーム×2台の計4台に縮小されたものの、「チーム三菱ニコン」がアンドリュー・コーワン、ピエール・ラルティーグ、「チーム三菱シチズン夏木」が篠塚建次郎とジャン-ピエール・フォントネといったように経験豊富な実力者が勢揃い。まさに三菱のワークスチームはハード面においてもソフト面においても充実した体制となっていた。

1990年の第12回ダカールラリーは12月25日、建国200年祭で賑わうパリ郊外の新凱旋門（ラ・デファンス）でスタートを切り、チュニジアより東のリビアからアフリカへ上陸。1月7日にアガデスでの休息日を経て16日にダカールのラックローズにゴールする総走行距離11,391km、うちSS距離が7,864kmのハードなルートが設定されていた。しかも、強力なサービス体制を誇るワークスチームとプライベーターチームの格差を解消すべく、ビバークでのサービスを禁止した〝マラソンステージ〟が導入されたことも同大会のトピックスと言っていい。結果的にマラソンステージをカバーすべく、その前後のビバークでの整備内容

が一新されたことから、プライベーターチームにとっては例年より過酷な大会となり、四輪部門に参戦した329台のうち、完走したのは87台とリタイアが続出するイベントとなった。

そのサバイバル戦と化した1990年の大会で主導権を握ったのがプジョー405ターボ16を駆るアリ・バタネンだった。リビアに入るとグループBベースの完全なプロトタイプ仕様である405ターボ16を武器にプジョー勢が猛威を発揮。対して市販車ベースのプロトタイプ仕様車で挑む三菱勢はドライブシャフトのトラブルが頻発し、ラルティーグとともにフォントネが前半でリタイア。生き残った三菱勢もプジョー勢の後塵を拝し続けることとなったのである。

トラブルの原因はフロントのメカニカルLSDにあった。トラクションの増加に伴い、ドライブシャフトのジョイント部が音を上げていたのである。この結果、バタネンが大会2連覇で自身3勝目を獲得し、プジョー勢が4連覇を達成。さらにビョルン・ワルデガルドが2位、アラン・アンブロジーノが3位に着けたことで、物量作戦を駆使したプジョー勢が四輪部門で初めて1-2-3フィニッシュを達成した。

対する三菱勢の最上位はコーワンの4位で、日本人ドライバーの篠塚が5位で完走。プジョーの表彰台独占を許し、1990年の大会は三菱にとって苦い思い出となったが、そのなかで唯一輝かしい光を見せていたのが、チーム三菱石油ラリーアートより、パジェロ・ロングの3.0L V6ガソリンエンジン搭載車でT2クラスに参戦していた増岡浩だった。

1987年の第9回大会でダカールラリーに初挑戦を果たした増岡はデビュー戦をマシントラブルにより総合29位で終え、1988年の大会でも同様に

1990年ダカールラリー。チーム三菱石油ラリーアートより、増岡浩がパジェロ・ロングの3.0L V6ガソリンエンジン搭載モデルでT2クラスに参戦。総合10位でT2クラスを制した。

マシントラブルに見舞われてリタイアを喫した。そのため、増岡は「パリダカではメカニカルな知識が必要ということを痛感させられた。あとは言葉も重要だった。ブリーフィングでもフランス語で喋った10の内容が英語では3しか訳されないので、フランス語も学びたかった。当時、家業をやりながらオフロードレースに参戦していたけれど、パリダカで優勝したかったし、ラリーで食って行くと決意したから、売れる物はすべて売って、生命保険も解約してフランスへ渡った」と語るように1988年の大会が終わると同時に増岡は単身渡仏。パリ近郊のファスターガレージにてメカニックとして研修生活を送っていた。

　フランスでメカニック修行を始めた増岡は1989年の大会を欠場した。「自分より遅いドライバーをスタートで見送って、年が明けるとすぐにパリのガレージで働いていた。本当に悔しかった」と増岡は当時の心境を振り返る。そんな増岡にチャンスが訪れたのは1990年の第12回大会で、市販車改造のパジェロを武器にダカールラリーに復帰したのである。

　「自分で整備したクルマだからどこが弱いのか

分かっていたのでメリハリをつけて走ることができたし、メンタルの部分でも過去の2大会と違って余裕があった。プロトタイプのワークスチームが1軍なら市販車チームは2軍だけれども、クルマのパフォーマンスを引き出せたと思う」と語るように増岡は市販車改造のパジェロで好タイムを連発。レンジローバーのプロトタイプ仕様車を抑えて総合10位で完走、T2クラスで勝利を獲得したのである。

　ちなみに、菅原義正がT2クラスで2位、クロードおよびバーナードのマロー兄弟がクラス3位に着けるなど三菱勢が躍進。総合でのポジション争

1990年ダカールラリー。篠塚建次郎（右から2番目）が5位、増岡浩（一番右）が10位で完走。日本人ドライバーが活躍した大会だった。

いはプジョー勢に惨敗することとなったが、市販車ベースのT2クラスでは引き続き三菱勢が上位を独占した。

1991年─本格プロトタイプ仕様を初投入 ラルティーグが2位入賞

1985年に1-2フィニッシュを達成しながらも、その後はライバルマシンの後塵を浴び続けてきた三菱勢は1991年の第13回ダカールラリーに満を持してマルチチューブラーフレーム構造の新型パジェロ・プロトタイプ仕様車を投入した。

同モデルは軽量なマルチチューブラーフレーム構造の専用シャーシを持った本格的なプロトタイプ仕様車で、愛知県岡崎市のモータースポーツチームが1989年に開発した岡崎プロトの1号車をベースにボディの軽量化やエンジンのドライサンプ化など新たなアイデアを採用。さらに1990年の第12回大会で頻発したトラブルに対応すべく、フロントのメカニカルLSDをビスカスカップ式のLSDに変更するほか、プロペラシャフトに等速ジョイントのレブロジョイントを採用するなど、前大会

の経験を活かして様々な改良が施されていた。

この岡崎プロト1号車の改良モデルは1990年5月のアトラスラリーにテスト参戦しており、日本人ドライバーの篠塚建次郎が一時トップを快走するなど、デビュー戦から素晴らしいパフォーマンスを披露、マイナートラブルで後退するものの、3位入賞を果たした。さらにバハ・スペインも躍進して、オーストラリアン・サファリでも篠塚が勝利を獲得するなど好感触を得ていた。同時に日本でもモータースポーツチームが岡崎プロト2号車を開発、リヤカウルの形状を一新するなど空力性能を追求していた。こうして岡崎プロト1号車を改良したテストモデルに、岡崎プロト2号車のエアロデバイスを組み込むことによって1991年のダカール参戦モデルが完成した。

こうして誕生した1991年型モデルは高速走行時の走行安定性を高めるべく、ホイールベースも従来型より150mmも長い2750mmに設定。4輪独立懸架式サスペンションが装備されており、車軸にはWRCに投入されていたグループA仕様のギャランと共用のユニットハブが採用され、ホイールオフセットもギャランと同一の値でセットアップさ

1991年ダカールラリー。三菱はマルチチューブラーフレーム構造の新型プロトタイプカーを導入。オイルクーラーの配管トラブルにより4時間のタイムロスを喫したが、ピエール・ラルティーグが2位に入賞した。

れていた。

　エンジンもWRCで実績のあるギャランのユニットを改良した4G63型2.2L DOHCインタークーラーターボで、最高出力320ps、最大トルク45.0kg-mを発揮。これに合わせて燃料タンクも200Lから400Lに変更された。そのほか、トランスミッションもグループA仕様のギャランが使っていたXトラック社製の6速ユニットをベースに横置き用から縦置きにモディファイし、ハイ・ローの切り替え機構を追加するなど細部の熟成が図られていたことも同モデルの特徴と言っていい。

　さらに1988年かから1990年まで続いたエッグシェイプボディを見直し、徹底的に煮詰めた空力スタイルも1991年型モデルの特徴で、ルーフを伝って流れる空気を剥離せずに流すため、リヤカウル部をさらに絞り込むデザインに変更。これに合わせてジャンプ時の姿勢をコントロールすべく、リヤ後端にレーシングカーのようなウイングが採用されていた。

　このように1991年のダカールラリーには純レーシングカーとも言える本格的なプロトタイプが投入されていた。ドライバーラインナップに関して

は、「チーム三菱ニコン」は引き続きピエール・ラルティーグを起用するほか、長年にわたって三菱チームを牽引してきたアンドリュー・コーワンが引退したことからWRCで活躍していたケネス・エリクソンを起用した。さらに「チーム三菱シチズン夏木」は篠塚建次郎とジャン-ピエール・フォントネを起用するなど経験豊富なドライバーが顔を揃えていた。

　これと同時に前大会で総合10位、T2クラス優勝を果たした増岡浩も「チーム三菱石油ラリーアート」よりパジェロ・ロングT2仕様でエントリー。同モデルは市販車ベースのT2車両だったが、WRCで実績のあるギャランのグループA仕様の4G63型2.0L DOHCインタークーラーターボエンジンが搭載されるなど、アップデートが実施されていた。

　1991年の第13回ダカールラリーは前大会のフォーマットを踏襲しながらも、チャドへの往復を省略したシンプルなルートが設定されていた。1990年の12月29日にパリのヴァンセンヌ城をスタートし、翌1991年の1月17日にラックローズでフィニッシュする構成で、総走行距離は9,186km、うちSS距離は6,747kmの設定だった。

1991年ダカールラリー。同年はプジョーに代わってシトロエンが参入した。シトロエンのアリ・バタネンが優勝するなか、三菱勢も躍進し、ジャン-ピエール・フォントネが3位に入賞した。

1991年ダカールラリー。長年エースとして三菱のラリー活動を支えてきたアンドリュー・コーワンが引退したことから、WRCで活躍してきたケネス・エリクソンが参戦。デフのインナーシャフト抜けなどトラブルに悩まされながらも4位で完走した。

同大会で最大のトピックスとなったのが、シトロエンの参戦だった。1987年から1990年にかけて4連覇を果たしたプジョーはスポーツカーレースに専念すべく、ダカールラリーを撤退だが、それと入れ替わるように同じPSAグループのシトロエンが参戦を開始。プジョーから移籍したアリ・バタネンを筆頭に計4台のZXラリーレイド・プロトタイプ仕様車を投入していた。

そのほか、ロシアのメーカー、ラーダもサマラにポルシェ製のエンジンを搭載した3台のプロトタイプ仕様車を投入するなど、1991年の大会には新型のプロトタイプカーが集結。そのなかで主導権を握ったのは初出場のシトロエンだった。1月3日、リビアのガダメスからアフリカステージが始まると、ダカールラリーで3度の優勝経験を持つバタネンがラリーを支配する。対する三菱勢は2番手に着けていたラルティーグがオイルクーラーの配管トラブルで4時間のタイムロスを喫しトップ争いから脱落、コーワンに代わってダカールラリーへの参戦を開始したエリクソンもデフのインナーシャフト抜けやブーツ破損でタイムロスを強いられるなど予想外のトラブルに苦戦していた。

さらにダカールラリー終了直後にパジェロのモデルチェンジが控えていたことから、三菱の社員ドライバーである篠塚もプレッシャーを感じていたのだろう。「パリダカが終わった後に日本で2代目パジェロの発表会が予定されていたから、なんとか優勝を報告したくて気合いが入り過ぎた」と語るように前半戦の最終日となる8日、それまで3番手に着けていた篠塚もハイスピードの砂丘越えで転倒し、そのままリタイアすることになったのである。

この結果、1991年のダカールラリーはシトロエンのバタネンに勝利を譲ることになったが、1991年型パジェロはシトロエン、ラーダを上回る計6本のSSベストタイムを記録することで持ち前のスピードを証明した。さらにシトロエン勢はバタネン以外の3台がトップ争いから脱落、うち2台が車両火災で戦列を去るなか、三菱勢はトラブルに見舞われながらも粘り強い走りで走破。ラルティーグが2位、フォントネが3位、エリクソンが4位で完走を果たした。

なお、T2クラスに挑んだ増岡はミッショントラブルで総合96位と惨敗。「ギャランのエンジンを

1991年ダカールラリー。同年は新型パジェロの発売が予定されてだけに、社員ドライバーの篠塚建次郎にはプレッシャーがあったのだろう。3番手につけながらも前半戦の最終日に転倒し、リタイアすることとなった。

1991年ダカールラリー。パジェロ・ロング仕様車を武器に増岡浩がT2クラスに参戦。エンジンはグループA仕様の4G63型2.0L DOHCターボが搭載されていたが、駆動系のトラブルが頻発したことで総合96位に留まった。

載せていたこともあって、駆動系がもたなくてリヤのドライブシャフトが折れたし、ミッションもトラブルが多かった。砂漠のなかで穴を掘ってミッション交換を行った辛い記憶がある」と語った。

とはいえ、その他の三菱ユーザーが活躍してお

り、菅原義正が総合23位、T2クラス5位で完走を果たした。

1992年―黄金期の幕開け
1-2-3フィニッシュを達成

　1991年のダカールラリーを終えた三菱は間もなくして1992年の第14回大会に向けた準備を開始。同時に翌々年の1993年の大会に向けて岡崎プロト3号車の開発にも着手していた。岡崎プロト3号車はさらなる高速化を目指したまったく新しいマシンでコンセプトも一新。それだけに1992年の大会が終わってから開発をスタートしても信頼性を十分に確認できないことから、1992年型モデルの開発と平行して先行研究車両、岡崎プロト3号車の開発が進められていたのである。

1992年ダカールラリー。三菱は信頼性を高めた1992年型モデルを投入、圧倒的な強さを披露した。

とはいえ、1991年の第13回大会でマルチチューブラーフレーム構造の1991年型モデルのパフォーマンスに確かな手応えを掴んでいたことから、1992年のダカール参戦モデルは前年型モデルの信頼性向上をテーマに開発が進められていた。1991年の大会で発生したトラブルを検証したところ、ケネス・エリクソンのドライブシャフト抜けはパーツの寸法精度の低さに原因があると判明、徹底期な検査を行うシステムを導入することで対応した。さらにピエール・ラルティーグのオイルクーラーの配管トラブルは整備時のミスが疑われたが、人的ミスによるホース抜けを防ぐべく、従来はめ込みだったものを機械カシメにしてカバーも装着された。

そのほか、ジャン-ピエール・フォントネ用のマシンにはフロントに初期ストロークが柔らかく、ストロークしていくにしたがって硬くなるプログレッシブリンク付きのコイルおよびショックアブソーバーユニットが試験的に採用された。車両のスペック自体は1991年型モデルと大きく変わっておらず、まさしく1992年型モデルは前年型モデルの信頼性を高めた正常進化バージョンで、徹底的

な熟成が図られたのである。

一方、ドライバーのラインナップは大幅な変更が加えられていた。「チーム三菱シチズン夏木」は前年と同様に篠塚建次郎とジャン-ピエール・フォントネを起用したが、「チーム三菱ニコン・ラリーアート」は二輪部門で1981年の第3回大会と1983年の第5回大会を制し、1988年の第10回大会より四輪部門に転向したユベール・オリオールと、三菱ユーザーとして活躍していたアーウィン・ウェーバーをそれぞれ起用するなどドライバーの顔ぶれを一新していた。さらに「チーム三菱ロスマンズ・ラリーアート」からはWRCのターマックイベントで活躍していたブルーノ・サビーがダカールラリーにデビューするなど5台の最新モデルを投入。そのほか、「チーム三菱石油ラリーアート」から増岡浩が1990年型のパジェロ・プロトタイプで参戦するなど、豪華な体制が敷かれていた。

1992年の第14回ダカールラリーは初めてゴール地がセネガルのダカールから離れ、南アフリカのル・カップ（ケープタウン）に設定された。12月25日、フランス・パリのシャトー・ヴァンセンヌ

1992年ダカールラリー。三菱は1981年および1983年の大会で二輪部門を制したユベール・オリオールを起用。オリオールは終始トップ争いを支配し、四輪部門で初優勝を獲得。1985年の大会以来、三菱が2度目の総合優勝を獲得した。

をスタートし、フランスを南下してセトから地中
海を渡り、リビアのミスラタからアフリカ大陸に
上陸。北部の町・シルトを通過し、ニジェール、
チャド、中央アフリカ、ガボン、カメルーンを経
て1月8日、コンゴの港町、ポアント・ルアールに
休息日が設定された。後半戦は大西洋に沿って南
下し、アンゴラ通過後は政治情勢の不安なザイー
ルを迂回するようにフェリーでナミビアへと入
り、最後の通過国である南アフリカへ到着。ケー
プタウンの海岸にゴールするのは16日で、総走行
距離12,441km、SS距離5,680kmの過酷なルートと
なっていた。同大会よりナビゲーション用にGPS
の使用が認められたが、ロードブックにポイント
座標の記載はなく、ハードなラリーに変わりはな
かった。しかも、11ヵ国を通過するだけにステー
ジのシチュエーションも多彩だった。チャドのヌ

1992年ダカールラリー。三菱ユーザーとして活躍したアーウィ
ン・ウェーバーが三菱ワークスに加入。ウェーバーが2位入賞を果
たした。

キグミまでは従来のダカールラリーの前半戦と同
様に広大な砂漠を越えるステージとなっていたの
だが、アフリカを南下して後半戦の熱帯地帯に入
るとサバンナの1本道やジャングルを抜ける細い
ピスト（道）が多く、追い越しができない区間が
続いた。しかも、砂埃の舞い上がる区間もしばし

1992年ダカールラリー。日本人ドライバーの篠塚建次郎も安定した走りを披露。「後半戦で順位が決まったので、そのままのオーダーで
フィニッシュした」と語るように3位で完走した。

ばで、視界を遮られたこともエントラントを悩ま
せていた。

　まさに、1992年の大会は、例年以上に厳しいラ
リーで、しかも、最大のライバルであるシトロエ
ンも主力モデルのシトロエンZXを大幅にアップ
デート。ワイドおよびナローの2種類のトレッドを
ステージに合わせて変更できる新たなシステムを
導入していたが、三菱勢も熟成の進んだ1992年型
パジェロ・プロトタイプ仕様車を武器に序盤から
素晴らしいパフォーマンスを披露していた。

　まず、今大会より三菱に加わったオリオールが
12月29日、リビアのワウ・エル・ケビール～ツム
間のSSでベストタイムを記録し、総合順位でも首
位に浮上すると翌30日、ニジェールのディルクー

1992年ダカールラリー。チーム三菱石油ラリーアートより増岡浩
が1990年型のパジェロ・プロトタイプで参戦。ハブベアリングの
トラブルにより総合20位に留まった。

へのSSではオリオール以下、5台の最新パジェロ
がSSでトップ5を独占している。これにより三菱
勢はオリオールが首位、篠塚が2位、ウェーバー
が3位と1-2-3体制を形成し、前半戦までにシトロ
エン勢を大きく引き離すことに成功した。

　残念ながらサビーが転倒、フォントネがリタイ
アしたが、後半戦でもオリオールの勢いは衰え
ず、首位をキープしたままアフリカ大陸の縦断に
成功。オリオールがダカールラリー史上初の二
輪および四輪の両クラスウイナーに輝くと同時
に、三菱が1985年以来、2度目の総合優勝を獲得
する。さらにウェーバーが2位に続き、「後半戦で
順位が決まったから、そのままのオーダーでフィ
ニッシュした」と語るように篠塚が3位で完走
し、黄金期の幕開けを告げるかのように三菱勢が
1-2-3フィニッシュを達成した。

　なお、1990年型モデルで出場した増岡は「1軍
の最新モデルはユニットハブを使っていたから問
題なかったけれど、僕が乗っていた2年落ちのク
ルマはベアリングを使っていたのでトルク管理が
必要だった。でも、メカニックが思いっきり締め
付けてしまい、スタートしてすぐにハブベアリン

1992年ダカールラリー。三菱はシトロエンを抑えて上位3台を独
占。三菱の黄金期が幕を開けた。

グが焼き付いて交換が必要になった」と語るようにハブベアリングのトラブルで上位争いから脱落。総合20位で終えることとなった。

とはいえ、ワークスチームによるトップ3の独占に続いて「チーム三菱石油ラリーアート」よりパジェロ・ロングT2仕様で参戦していた増岡のチームメイト、シリワッタナクン・ポンサワンが総合28位でT2ガソリンクラスを制覇。2クラスで勝利を獲得するなど1992年の大会においても三菱勢がパジェロのパフォーマンスを証明していた。

1993年─サビーが初優勝を獲得
三菱が大会2連覇を達成

高速化が進む新時代のダカールラリーに対応すべく、基本スペックを全面的に見直して、まったく新しいコンセプトで開発された先行研究車両、岡崎プロト3号車が完成したのは1991年9月末のことだった。

同モデルは2840mmにホイールベースを延長し、低重心化を押し進めたレーシングカーのようなマシンで、風洞実験により徹底的に空力性能を追求。1992年型のパジェロよりもキャビンをさらに下げ、ウインドシールドも寝かせたフォルムとなっていた。さらにサイド形状の平滑化やリヤカウルの絞り込み、ウイングの取り付け角度と位置などを検証した結果、クレイモデルにおいてCd値0.4以下を実現していた。

サスペンションには1992年の大会でジャン-ピエール・フォントネ車に装着されていたプログレッシブリンク付きのコイルおよびショックアブソーバーユニットを本格的に採用。これは小さな凹凸に対してはサスペンションがソフトに動いて効率よく衝撃を吸収する一方で、大きな力に対しては踏ん張ってエネルギー吸収の効率を高める理想的なシステムとなっていた。

そのほか、岡崎プロト1号車から継承されているチューブラーフレーム構造もアームの径を約1割細くするなど軽量化が追求されていたことも同モデルの特徴と言えるだろう。

この岡崎プロト3号車は栃木にある三菱のテストコースで約500kmのテスト走行を実施。ステアリングを握ったケネス・エリクソン、ティモ・サロネンからも乗りやすくて速いと高い評価を受け、1992年4月のアトラスラリーに投入されていたのだが、予想外のトラブルに苦しめられること

1993年ダカールラリー。三菱はホイールベースおよびトレッドを拡大した1993年型モデルを投入。序盤のロングステージでは数多くのマシンがパンクをするなか、ブルーノ・サビーが安定した走りで首位に浮上した。

なった。このデビュー戦では岡崎プロト3号車は優れた空力性能と低いドライビングポジションによる乗りやすさなど、いくつかのメリットが確認されたものの、その一方で軽量化に起因する信頼性や耐久性の低下が露呈していた。具体的には軽量化で細くしたアッパーアームが曲がったり、リヤのサブフレームやプログレスリンクボルトが切損したりと、予想外のトラブルが頻発していた。

そこで、ソノートも契約ガレージのSBM（ソシエテ・ベルナール・マングレー）で、1992年型モデルをベースとするマシン開発に着手した。というのも、1991年の第13回ダカールラリーでのパジェロの戦闘力を見たシトロエンは、1992年の第14回大会に合わせてZXに可変式のトレッドを取り入れるなど1年おきにアップデートを行っていただけに、1992年の大会で優勝したとはいえ、三菱としてもパジェロの進化は必要不可欠だったのである。それゆえに、1993年の大会に向けて岡崎プロト3号車とは〝別の可能性″を考える必要があった。

こうして急遽、SBMで試作車が開発されることになったのだが、同モデルは1992年のダカールラリー優勝モデルをベースにしながらも大幅な改良が施されていた。まず、ホイールベースを2750mmから2850mmに延長したほか、トレッドも1490mmから1640mmへ拡大。これに合わせてタイヤも16インチから18インチへ大径化されたこともポイントだった。このSBMの試作車は岡崎プロトの3号車とともに1992年のチュニジアラリーに投入、実戦のなかで比較テストが行われることになったのだが、最終的に三菱は運動性能の高い岡崎プロトの3号車ではなく、信頼性に優れたSBMの試作車を選択する。この試作モデルに新

世代ECUの採用により約20psの出力アップを果たした最高出力340psの4G63型2.2L DOHCインタータークーラーターボエンジンを搭載、さらに6段ミッションのトランスファーにハイ＆ローの切り替え機構を追加することによって、1993年のダカールラリー参戦モデルが完成した。

ドライバーも充実したラインナップを誇っていた。前大会のウイナーであるユベール・オリオールが三菱を離脱したものの、「チーム三菱シチズン夏木」から篠塚建次郎、「チーム三菱ニコン・ラリーアート」からアーウィン・ウェーバー、「チーム三菱石油ラリーアート」からブルーノ・サビー、「チーム三菱ソノート・ラリーアート」からジャン-ピエール・フォントネが参戦。4チームから4台の最新プロトタイプでエントリーしていた。さらに「チーム三菱石油ラリーアート」から増岡浩とシリワッタナクン・ポンサワンが新型パジェロ・ショートT2仕様車で参戦するなど、まさに三菱勢は各クラスで上位を狙えるだけの豪華な布陣となっていた。

1993年の第15回ダカールラリーは1月1日にフランス・パリのトロカデロ広場でスタートを切り、初めてモロッコのタンジェからアフリカに上陸。1988年の第10回大会以来5年ぶりにアルジェリアへと入り、10日にアドラーに設定されている休息日を経てモーリタニアを抜け、16日に2年ぶりにセネガルのダカールでフィニッシュを迎えるルートが採用されていた。総走行距離は7,490km、そのうちSS区間の距離は4,818kmと例年より短いルートだったが、過去最長となる801kmのSSが設定されるなど過酷なラリーであることに変わりはなかった。ちなみに、ダカールラリーが開催される3ヵ月前の1992年9月にユーラシア大陸を横断す

るパリ—北京ラリーが開催されていたことから、プライベーターの多くが欠場し、参加台数も二輪が48台、四輪が66台、トラックが45台とわずか159台に留まることとなった。

1993年の同大会においても4台のパジェロを投入する三菱と5台のZXを投入するシトロエンがラリー序盤から激しいトップ争いを展開していた。そのなかで主導権を握ったのが、かつてターマック（舗装路）スペシャリストとしてWRCで活躍したサビーだった。明暗を分けたのは1月6日にアルジェリアに設定されていたエルゴレアへのSSで、同ステージは大会中2番目に長い791kmで、しかも鋭利な石が無数に散乱していた。そのため、

「三菱もシトロエンもパンク合戦。自分も3本のスペアタイヤを全部使ったけれど、それでもパンクして10時間ぐらい止まっていた」と篠塚が語るように、多くの車両がパンクのためスペアタイヤを使い果たしていた。そのなかで、ターマックの名手であるサビーは慎重な走りでパンクの回避に成功する。この結果、同SSを制したサビーは2番手に着けるシトロエンのピエール・ラルティーグに1時間26分の差をつけて総合順位でもトップに浮上。これで余裕ができたサビーは残りのSSを慎重に消化し、自身の初優勝を獲得するとともに、三菱が参戦10年目となるメモリアルイベントで初の2年連続優勝を達成し、通算3勝目を獲得した。

1993年ダカールラリー。序盤で抜け出したブルーノ・サビーがダカールラリーで初優勝。三菱としては2連覇を達成し、通算3勝目を獲得した。

1993年ダカールラリー。同年もシトロエンVS三菱の対決が展開した。アーウィン・ウェーバーが4位で完走を果たした。

1993年ダカールラリー。篠塚建次郎もアルジェリアに設定された791kmのロングステージでパンクに祟られて後退。それでも粘り強い走りで5位完走を果たした。

1993年ダカールラリー。同大会に参加した日本人クルーたち。

そのほか、前大会で2位に着けたウェーバーが4位で完走、パンクで出遅れた篠塚も5位、クイックアシスタンス役に徹していたフォントネが12位で、パジェロ・プロトタイプの4台は全車が完走した。

一方、これまでのロングボディではなく、ショートボディに4G63型2.0L DOHCターボエンジンを搭載した新型のT2仕様車で挑んだ増岡はミッショントラブルでリタイアするものの、チームメイトのポンサワンが総合15位で完走を果たし、T2ガソリンクラスで2連覇を達成。さらにチームロータスクラブからパジェロ・ロングT2仕様車で出場した横川啓二も総合25位で同クラス3位に着けるなど、前大会と同様に1993年の大会においても三菱

1993年ダカールラリー。新型パジェロ・ショートT2仕様で参戦した増岡浩はミッショントラブルでリタイア。チームメイトのシリワッタナクン・ポンサワンが総合15位、T2ガソリンクラスで2連覇を達成した。

勢が各クラスで活躍していた。

1994年—死の砂丘を走破
勇気ある撤退で特別賞を受賞

1992年型モデルをワイド化した1993年型モデルで、1993年のダカールラリーを制した三菱。しかし、その一方で投入を見合わせていた岡崎プロト3号車も十分に高いポテンシャルを示していたことから、三菱陣営はこれをベースに1994年のダカールラリー参戦モデルの開発を行っていた。

同モデルにおける最大の特徴がトレッドのワイド化で、1640mmの1993年型モデルに対して1660mmと20mmも拡幅することによって耐転覆性を向上。同時に悪路走破性の向上を図るべく、サスペンションストロークも325mmまで延長されていた。

また、これまでの経験により、空力特性が10%悪化すると最高速が10km/h以上も低下し、最高速に到達するまでの時間も1秒近く遅くなることがわかっていたので、空力性能を追求したことも1994年型モデルの大きな特徴である。キャビンからリヤカウルにかけてのデザインの最適化を図るなど、風洞実験でエアロフォルムを一新。この結果、ワイドトレッド化によるオーバーフェンダーの追加で空気抵抗が拡大したものの、Cd値0.43を実現していた。

そのほか、スペアタイヤの搭載数が4本になったことも1994年型モデルの特徴と言っていい。1992年型までは3本のスペアタイヤを搭載していたが、16インチから18インチにタイヤサイズを拡大したことで、1993年型モデルでは搭載本数が2本に減少していた。そこで、1994年型モデルでは

1994年ダカールラリー。モーリタニアの"死の砂丘"で数多くのマシンがスタック。主催者はフィニッシュ地点をCP5（チェックポイント5）にすることを決定していたが、25台がCP5を通過していたことからCP8をゴールに変更した。1994年型モデルを駆るブルーノ・サビーはスタックを繰り返しながらもCP8まで走破。

リヤカウル内に2本、フロア下に2本とスペアタイヤの搭載可能本数を4本に拡大した。

　とはいえ、スペアタイヤは1本あたり約30kgの重量があり、これだけで車両重量が約120kgも増加する。地上高が下がると悪路走破性が低下し、スペアタイヤの搭載状況や燃料残量に応じて操縦安定性にも変化を及ぼすことから、これらの対策のために三菱は構造がシンプルでメンテナンス性に優れたエアシリンダー式の車高調整装置をリヤサスペンションに採用した。

　パワーユニットは引き続き4G63型の2.2L DOHCインタークーラーターボエンジンだったが、ピストンの改良、燃焼室および吸気ポートの形状変更が実施され、加給圧も拡大されていた。その結果、リストリクターの装着で吸気制限を受けながらも最高出力が320psから350psへ拡大。最大トルクも45.0kg-mから51.0kg-mとなり大幅な性能アップを果たしていた。

　実際、1994年型モデルは開発当初から素晴らしい走りを披露していた。1993年3月に試作モデルが完成すると、同年4月にはサービスカーとしてチュニジアラリーに出場した。実戦テストで約2,800kmを走破した結果、1993年型モデルよりも速くて乗りやすいという評価を受けていた。事実、チュニジアラリーのキャンプ地の近くで1993年型モデルとの比較テストが行われていたのだ

1994年ダカールラリー。1993年型モデルを駆るジャン-ピエール・フォントネもスタックを繰り返しながら、"死の砂丘"が設定されたモーリタニアのSSをCP8まで走破した。

1994年ダカールラリー。日本人ドライバーの篠塚建次郎は1994年型モデルで参戦。モーリタニアのSSで篠塚はCP5を通過後に走行を中断した。

が、1994年型モデルは1993年型モデルに対して1kmあたり2秒のタイムアップを実現。これをダカールラリーの平均車速で示すと4.5km/hのスピードアップで、このペースで12,000kmを走破すれば約3時間のタイム短縮ができるほどにマシンは進化していた。

とはいえ、全てのマシンを1994年型モデルに切り替えることは信頼性の面でリスクが高く、1994年のダカールラリーには最新の1994年型モデルと実績のある1993年型モデルの2本立てで挑むことになった。参戦体制は「チーム三菱石油ラリーアート」の篠塚建次郎およびブルーノ・サビーが1994年型モデルで参戦し、「チーム三菱マックレガー・ラリーアート」のアーウィン・ウェーバーと「チーム三菱オフロードエクスプレス・ラリーアート」のジャン-ピエール・フォントネが1993年型モデルでエントリー。さらに前大会と同様に「チーム三菱石油ラリーアート」から増岡浩とシリワッタナクン・ポンサワンがパジェロ・ショートT2仕様で出場するなど充実した体制となっており、各クラスでのトップ争いが期待されていた。

1986年に他界したダカールラリーの創設者、ティエリー・サビーヌの意思を受け継ぎ、1987年の第9回大会より大会を主催してきたTSO（ティエリー・サビーヌ・オーガニゼーション）の代表、ジルベール・カビーヌが引退し、大会の主催権を売却したため、1994年の第16回ダカールラリーはASO（アモリー・スポーツ・オーガニゼーション）の主催で開催された。ASOは初のダカールラリーの主催にあたって、エジプトのファラオラリーの創設者として知られるジャン・クロード・モレル、通称〝フヌイユ〟を責任者として起用していた。フヌイユは、当時のアルジェリアが政情

不安で通過できなかったため、1994年の第16回ダカールラリーはパリを出発し、ダカールを折り返してパリでフィニッシュする〝パリ〜ダカール〜パリ〟として開催することとした。

具体的には1993年12月28日にフランス・パリをスタートし、スペインを経由してモロッコからアフリカ大陸へ上陸。モーリタニアの海岸線側を南下し、1月5日にダカールでの休息日を経て、再びモーリタニア、モロッコ、スペインと北上、16日にパリ郊外のユーロディズニーでゴールするユニークなルート設定だった。総走行距離は11,813km、SS距離は4,714kmで、1994年の同大会でも序盤から脱落者が続出するサバイバルラリーが展開されることとなった。

本格的な競技が始まったのは12月31日にモロッコに入ってからだった。ラバトのSSで1994年型パジェロを駆るサビーがルートブックに記載されていない穴に落ち、サスペンションを破損。ラリー序盤はシトロエンZXを駆るピエール・ラルティーグがトップ争いを支配した。1994年型パジェロの篠塚と1993年型パジェロのウェーバーが首位を追う展開で前半戦を消化していた。そのため、パリ

1994年ダカールラリー。1993年型モデルを駆るアーウィン・ウェーバーもモーリタニアのSSではCP5通過後に走行を中断。結局、主催者の対応に不満を抱いた三菱はプロトタイプチームの撤退を決断した。

へと折り返す後半戦では三菱勢の追走が期待されていたのだが、1月9日、モーリタニアのアタール～ヌアディブ間に設定された680kmのSS15で予想外のハプニングが発生した。フヌイユが〝死の砂丘〟と名付けた同ステージは柔らかい砂に覆われたエリアで、あまりにも難易度が高く多くの競技車両がスタックしていた。そのため、主催者は二輪部門においては全面キャンセル、四輪部門に関しても246km地点のCP5（チェックポイント5）で競技をストップすることを決定した。しかし、すでに四輪部門のトップグループの20台とトラックの部門の上位5台はCP5を通過しており、主催者は25台のゴールを376km地点のCP8に設定。そして、この急なルート変更に対する各チームの判断がレースの明暗を分けることになった。

　CP5を通過したシトロエンの2台はCP8へ向かわずに、ペナルティを覚悟で迂回ルートを選択。同時に1994年型パジェロを駆る篠塚も深い砂丘を迂回した。これに対して1994年型モデルを駆るサビーと1993年型モデルを駆るフォントネは逆転優勝を目指して砂丘越えにチャレンジした。スタックボードで道を造りながら、這うようにしてSSフィニッシュ地点のCP8へ進んでいった。その行程

は実に過酷で、サビーとフォントネは実に200回以上もスタックを繰り返しながら約30時間をかけてCP8へ到着した。しかし、主催者は後続車が走行できないという理由から、無情にも上位25台のCP5からCP8までのSS区間のキャンセルを決定。

　予定どおり、CP8をゴールとした場合、迂回ルートを選択したシトロエンには5時間のペナルティが加算され、ロードブックに忠実に従った三菱のフォントネが総合1位に浮上するはずだったが、対象区間がキャンセルとなったことでフォントネおよびサビーの果敢なチャレンジは水泡に帰した。当然、三菱は主催者へ抗議したが受け入れられることはなかった。さらに安全面から見てもクルーの疲労度が高いことから、当時三菱のチーム監督を務めていたウルリッヒ・ブレーマーはプロトタイプチームの撤退を決断したのである。

　このようにダカール参戦から12年目にして初めて撤退を決断した三菱だったが、競技を続行したT2チームは猛威を発揮していた。「市販車改造のクルマだったけれど、志は変わらずに常に上を目指していた。T2マシンでどれだけプロトタイプに迫れるかを考えていたし、実際に抜いたときは壮快だった」と語るのはパジェロ・ショートのT2仕

1994年ダカールラリー。撤退を決断したプロトタイプチームに代わって、パジェロ・ショートT2仕様車で出場した増岡浩が素晴らしいパフォーマンスを披露。総合4位で完走を果たし、クラス優勝を獲得した。

1994年ダカールラリー。T1クラスでもボブ・テン・ハーケルが優勝するなど三菱勢が躍進した。

様車を駆る増岡で、その言葉どおり、増岡は総合4位で完走を果たし、T2クラスを制覇。さらにT1クラスでもボブ・テン・ハーケルが勝利を飾るなど三菱勢は二冠を達成した。

なお、プロトタイプチームの撤退を決断した三菱陣営は、特別賞を受賞した。さらに各国のメディアもサビーおよびフォントネのファイティングスピリット、そして三菱の勇気ある決断を、優勝したシトロエンのピエール・ラルティーグ以上に高く評価。三菱は"砂漠のヒーロー"として絶賛されることとなった。

1995年─出発地がグラナダに変更
サビーが2位惜敗

不可解なステージキャンセルに抗議すべく競技の途中で撤退。まさに1994年の第16回ダカールラリーは三菱ファンにとって悔しい一戦となったが、それはダカールラリーに向けてパジェロを開発してきた三菱のエンジニアにとっても同じであった。

「私も現地に行っていたのですが、いろいろなトラブルが出ていたので毎日徹夜の状態でした。当時は"エアメカ"(飛行機で移動するメカニック)

があったので飛行機のなかで寝ていましたが、トラブルを直してもクルマが壊れ、なんとかドライバーが走りきってトップに立ったと思ってもキャンセルになったりで本当に悔しかった」と、1991年より三菱で車体の開発を行ってきた乙竹嘉彦は当時を振り返る。

さらに乙竹は「ステージのキャンセルがあって撤退したけれど、クルマの性能に関してもシトロエンの方が、"パリダカに勝つ"という点では上まわっていました」と語る。「1994年のパリダカはプロトタイプの歴史で転機になりました。今まで三菱は操安性を重視してクルマを開発してきましたが、シトロエンは操安性より走破性を重視してクルマを開発していました。つまり、これまでの三菱のクルマは障害物を避けていたのですけれど、シトロエンは障害物を避けずに乗り越えていく、という新しい発想でクルマを開発していました」と乙竹が語るように、シトロエンは曲がりくねったピストや障害物も最短距離でクリアすべく、1740mmのトレッド、400mmの地上高、400mmのサスペンションストロークを持つモンスターマシンを投入していた。

このディメンションに合わせてシトロエンはエンジンも2.5Lに排気量を拡大していた。というのも、ここ数年のダカールラリーはテレネ砂漠のように全開で1時間を走り続けるコースが少なく、常に細かいスロットルコントロールが求められるステージを主体にルートが構成されていた。そのため、エンジン面ではパワーやトルクと同時にレスポンスが重要で、シトロエンもエンジンレスポンスを向上すべく排気量の拡大を行っていた。

そこで三菱も1995年の大会に向けて、シトロエン並みのディメンションを持つ新型モデルの投入

1995年ダカールラリー。三菱は2種類のプロトタイプカーを投入。ブルーノ・サビーが走破性を重視した新型モデルでトップ争いを展開したが、サスペンショントラブルで2位に惜敗した。

を決断した。ただ、新型車の信頼性を確保するには時間が必要なことや、大会のルート構成がまだ発表されていなかったことから、1994年型の改良モデルもラインナップするなど、1995年のダカールラリーは2種類のプロトタイプ仕様車が投入されることになった。

　まず、操安性を重視して開発された1994年の改良型モデルのポイントが1740mmのワイドトレッドで、ホイールベースこそ1994年型モデルと同サイズながら、90mmの拡幅でワイルドなフォルムに変貌。地上高に関しても50mmアップの350mmに設定されていた。

　これと同時にパワーソースとなる4G63型の

DOHCインタークーラーターボエンジンもレスポンスの向上を図るべく、ストロークを延長して排気量を2.2Lから2.4Lへ拡大。さらに「パリダカでは1994年あたりからシトロエンとパワー勝負になったので、グループAで使っていた技術を応用しました。WRCのランサーもパリダカのパジェロも同じ4G6のエンジンを使っていましたからね」と語るのは、1984年からダカールラリーおよびWRCでエンジン開発を担ってきた幸田逸男だが、その言葉どおり、レスポンスを上げるべく、WRCのランサーで培ってきた二次エアシステムを採用。さらに幸田によれば「グループAは制約が多かったけれど、パリダカのプロトタイプ

1995年ダカールラリー。篠塚建次郎は操安性を重視した改良型モデルで参戦し、3位に入賞した。

1995年ダカールラリー。ジャン-ピエール・フォントネも改良型モデルで参戦。4位入賞を果たした。

はエンジンのヘッドまわりについては手を入れる自由度が高かったので、新たに設計できて夢のあるチャレンジができた」と語る。事実、最高出力はφ45mmのリストリクターが装着されていることから350psに留まっていたが、最大トルクは51.0kg-mから60.0kg-mまで引き上げられるなど、WRCの経験を注ぎ込むことによってエンジンパフォーマンスも大幅に進化していた。

　一方、走破性を重視して開発された新型モデルは巨大なディメンションが特徴で、トレッドが前型比120mmプラスの1780mm、ホイールベースが前型比255mmプラスの3105mmまで拡大。地上高も前型比100mmアップの400mm、ホイールストロークも前型比95mmプラスの420mmと、まさにシトロエンを凌駕するスペックで、ボディサイズも全長が4560mm、全幅が2070mmとついに2mを超えるワイドなマシンに仕上がっていた。

　そのほか、細かい部分ではフロントは従来どおり18インチのタイヤを採用したものの、リヤはエアボリュームが多く、衝撃吸収性に優れた16インチタイヤに変更。スペアタイヤは前年型モデルと同様に4本積みとしたが、ロングホイールベース化に対するランプブレークアングル確保（腹すり防止）のため、4本全てをリヤカウル内に搭載した。

　ダカールラリーの前哨戦となる1994年5月のアトラスラリーには、1994年の改良型が投入されており、ブルーノ・サビーが素晴らしい走りを披露した。マラケッシュ・グランプリと称される最終日のSSでも前年の82km/hに対して、97km/hを記録するなど平均速度が大幅にアップしたことを確認している。

　一方、ビッグボディの新型モデルは7月のバハ・スペインで実戦デビューを果たすものの、ドライブシャフトのジョイント部にトラブルが発生。その原因は新型のハブベアリングが過熱してブーツが耐えきれなかったことにあったことから、世界初の油冷ハブシステムを導入することで問題を解消した。

　こうして1995年のダカールラリーに向けて2種類のプロトタイプを開発するなどハード面の充実を図った三菱は、ソフト面においても充実のラインナップとなっていた。前年の4台から3台に縮小しながらも、「チーム三菱PIAAラリーアート」のサビーに新型モデルを供給するほか、「チーム三菱石油ラリーアート」から篠塚建次郎、「チーム三菱オフロードエクスプレス・ラリーアート」からジャン-ピエール・フォントネが改良型モデルで参戦するなど経験豊富なメンバーが勢揃い。さらに前年に引き続き「チーム三菱石油ラリーアート」から増岡浩、シリワッタナクン・ポンサワンがパジェロ・ショートT2仕様車で出場するなど、二冠を達成すべく、T2チームも充実した体制となっていた。

　1995年の第17回ダカールラリーは大会史上初めてスタート地点をフランスのパリからスペインのグラナダへと移して開催された。今大会で2度

1995年ダカールラリー。シリワッタナクン・ポンサワンがパジェロ・ショートT2仕様車を武器に総合9位、T2クラス1位を獲得。三菱にとって同クラスでの優勝はこれで3年連続7度目となった。

目の大会主催となるASO（アモリー・スポーツ・オーガニゼーション）は前大会の責任者であるフヌイユ（ジャン・クロード・モレル）に代わって、二輪と四輪の両部門でダカールラリーの優勝実績を持つユベール・オリオールを総責任者として起用。オリオールは新しい試みとして〝プレ・スタート〟を導入しており、1994年12月26日にイタリア・ミラノとベルギー・ブリュッセル、27日にフランス・パリ、28日にスペイン・バルセロナでプレ・スタートが切られ、各エントラントは車検会場のグラナダへ集結した。

ラリーの正式なスタートは1月1日で、ジブラルタル海峡を渡ってモロッコからアフリカ大陸へ

1995年ダカールラリー。増岡浩もパジェロ・ショートT2仕様車を武器に総合10位で完走。T2クラスで2位を獲得し、三菱が同クラスで1-2フィニッシュを達成した。

上陸。西サハラ地域を経由してモーリタニアへ入り、8日にズエラットで休息日を迎える。後半戦は南下してセネガルに至った後、ギニアへ迂回するようにラベをかすめてから15日にダカールでゴールを迎えるという行程で、総走行距離7,526km、SS距離5,712kmで争われた。

1995年のダカールラリーも下馬評どおり、三菱とシトロエンの一騎打ちでトップ争いが展開されていた。新型モデルを駆るサビーは度重なるパンクで出遅れるものの、前半のアトラス山脈を舞台にしたステージでフォントネがベストタイムをマークするなど三菱勢は序盤から好走を披露していた。対するシトロエン勢も好調で中盤まではアリ・バタネン、ティモ・サロネンが先行するものの、バタネン、サロネンらが相次いでクラッシュを喫し、トップグループから脱落。こうして優勝争いは終始手堅い走りに徹していたシトロエンのピエール・ラルティーグと三菱のサビーに絞られることとなったが、この僅差で繰り広げられたトップ争いはあっけない決着を迎えることとなった。セネガルのバケルへ向かうSSで、サビーがサスペンショントラブルに祟られて失速。結局、ラルティーグが大会2連覇を達成し、サビーは2位に

惜敗することとなった。とはいえ、篠塚が3位、フォントネが4位に入賞したことで三菱勢は3台全てのパジェロ・プロトタイプが上位で完走。さらにポンサワンが9位、増岡が10位で完走を果たし、T2クラスで1-2フィニッシュを飾ったことも三菱陣営にとっては欠かせないトピックスとなった。これでT2クラスでの優勝は3年連続7度目の快挙となり、そのほかにも昨年まで二輪部門で出場し、今大会からパジェロのT1仕様車で四輪デビューを果たした女性ドライバー、ユタ・クラインシュミットがT1クラスで2位、女性部門で1位を獲得。総合優勝こそシトロエンに譲ったが、同大会においても三菱勢は各クラスで活躍していた。

1996年—シトロエンとの最終対決
フォントネの3位が最上位に

　ダカールラリーを主催するASO（アモリー・スポーツ・オーガニゼーション）は1996年のダカールラリー終了後に自動車メーカーによるプロトタイプ車両での参戦と過給器付きガソリンエンジンの使用を禁止することを発表した。これにより大会の創世記から展開されてきたプロトタイプマシンによるワークス対決は終焉を迎えることとなり、三菱にとっても1985年の大会から投入してきたパジェロ・プロトタイプ仕様車での参戦も1996年の大会がラストチャレンジとなった。ちなみに三菱はT2車両での参戦継続を決定したものの、1991年から死闘を繰り広げて来た最大のライバル、シトロエンは1996年大会を最後にダカールラリーからの撤退を決定した。この結果、1987年のプジョーから続いて来たフランス勢との一騎打ちにも終止符が打たれることとなった。

　2位に惜敗したとはいえ、1995年の大会で確かな手応えを掴んだ三菱は全幅2mを超えた新型モデルをベースに1996年型モデルの開発に着手した。高速安定性と旋回性をさらに高めるべく、ホイールベースを80mm短縮した3025mmにスケールダウンを行うほか、約50kgの軽量化を実施。同大会よりφ34mmのリストリクター装着が義務付けられたため、エンジンの最高出力は300psに抑えられてはいたが、レスポンスの向上によって十分に戦闘力のあるパワーユニットに仕上がっていた。

　プロトタイプ車両での最終対決に挑む顔ぶれも豪華なラインナップだった。「チーム三菱石油ラリーアート」から篠塚建次郎が参戦するほか、

1996年ダカールラリー。プロトタイプ車両およびガソリンターボの最終年となった同大会に三菱はホイールベースを短縮した改良モデルを投入。しかし、ハプニングが重なり、ジャン-ピエール・フォントネの3位が最上位となった。

1996年ダカールラリー。シトロエンとの最終対決に挑んだ三菱だが、ブルーノ・サビーはラリー序盤で転倒。激しい追走も届かず7位に終わった。

「チームPIAA三菱ラリーアート」からブルーノ・サビー、「チーム・オフロードエクスプレス三菱ラリーアート」からジャン-ピエール・フォントネが最新型パジェロでエントリー。さらに「チーム・カープラザ三菱石油ラリーアート」から増岡浩がパジェロと共通のシャーシを持つRVRプロトタイプ仕様車で参戦するなど、三菱は計4台のプロトタイプカーを投入した。

そのほか、プライベーターに目を向けると「チームロータスクラブ」から横川啓二がRVRのT2仕様車、中村公彦がパジェロ・ロングT2仕様車、「チームPIAA TERZO」から友川真喜子がパジェロ・ショートT1仕様車でエントリー。さらに

「チーム・ソノート・ラリーアート」が有力プライベーターのサポートトラックとして、三菱ふそう・ザ・グレート4WD-RSを新開発し、三菱勢として初めてT4クラスに出場するなど、数多くの三菱ユーザーが参戦していた。

1996年の第18回ダカールラリーは前大会と同様にスペインのグラナダを起点に開催された。スタートは1995年の12月30日でモロッコを経て、翌1996年1月7日、モーリタニアのズエラットに中間休息日を設定。後半戦は政情不安を理由に過去4年間にわたってルートを迂回してきたマリ共和国を通過してギニアへと入り、14日にセネガルのダカールでゴールを迎えるという構成だった。総走行距離は7,579kmでダカールラリーとしては短い行程だったが、リエゾン区間が短く、SS距離が6,179kmと競技区間の比率が高いルートで、シチュエーションも変化に富んでいたため、同年もサバイバルラリーが展開された。事実、1996年の同大会では二輪が119台、四輪が106台、トラックが70台と総勢295台が参戦していたが、完走台数はわずか121台に留まっていた。

こうして1996年のダカールラリーは三菱VSシトロエンの最終対決の舞台となったが、両メーカー

1996年ダカールラリー。篠塚建次郎はプロローグランでベストタイムをマークしたが、大会3日目にサスペンションを破損。トップ争いから脱落し、17位に留まることとなった。

は開発の手を休めることなくマシンのアップデートを行ってきただけに、最新モデルの実力は拮抗していた。明暗を分けたのはマシンの性能よりも予期せぬアクシデントで、有終の美を飾るべく熟成を極めた新型パジェロ・プロトタイプを投入した三菱は序盤から不運のアクシデントに苦しめられることとなった。

三菱勢で最初にトップ争いから脱落したのが篠塚だった。12月29日、グラナダ市内のサッカースタジアムで行われたプロローグランではトップタイムをマークした篠塚だったが、「大きな穴に落ちてサスペンションを壊してしまった」と語るように大会3日目、高速走行中に溝にはまってサスペンションを破損。アシスタンストラックの到着を待ち、修復後に再出走したものの、大幅に後退することとなった。

これに続いてサビーも大会5日目に4回転もの大転倒を演じて大きく後退。さらにRVRを武器に前半戦を3番手で終え、後半戦に入ってからも優勝戦線に踏みとどまっていた増岡もゴールを3日後に控えたSS12で予想外のハプニングに襲われた。コース正面に現れた現地のトラックを避けてコースアウト。フロント部を破損し5番手に後退することになったのである。その後も増岡はゴール前

1996年ダカールラリー。ジャン・ピエール・ストゥルゴが総合10位でT1クラスを制覇。ミゲル・プリエトが総合11位／クラス2位、カルロス・スーザが総合12位／クラス3位で完走したことから三菱勢がT1クラスで1-2-3-フィニッシュとなった。

日のSS14で草の陰に隠れていた切り株に接触してサスペンションを破損するなど不運が重なったことで最終的には6位でフィニッシュ。結局、ノートラブルで走破したシトロエンのピエール・ラルティーグが大会3連覇で有終の美を飾るなか、三菱勢では終始コンスタントな走りを披露したフォントネが最上位となる3位で完走した。序盤に後退したサビーは増岡に続いて7位、同じく序盤のハプニングでサポート役に徹した篠塚は17位で完走。一方、T1クラスに目を向けるとジャン・ピエール・ストゥルゴが総合10位、ミゲル・プリエトが総合11位、カルロス・スーザが総合12位で完走を果たし、T1クラスで1-2-3フィニッシュを達成した。

1996年ダカールラリー。増岡浩はRVRプロトタイプ仕様車で参戦。前半戦を3番手で折り返すものの、SS12で現地のトラックを避けてコースアウトしたほか、SS14でも切り株にヒットしてサスペンションを破損し、6位に留まることとなった。

1997年—T2仕様車を投入
篠塚が日本人初のウイナーに輝く

　1997年の第19回ダカールラリーは三菱にとって新たなチャレンジとなった。大会を主催するASO（アモリー・スポーツ・オーガニゼーション）の独自規定により、自動車メーカーのプロトタイプ車両によるT3クラスへの参戦が禁止となった。同時に過給器付きのガソリンエンジンが全面的に禁止されたことから、それまでワークスチームのプロトタイプカーが覇権を争っていたダカールラリーは、市販車改造のT2車両および二輪駆動バギーとプライベーターのT3車両がトップ争いの主役になった。

　この大胆な改革に合わせてシトロエンは撤退を選んだが、三菱はダカールラリーへの参戦継続を決定。1997年の大会に合わせてT2仕様のパジェロを開発した。パジェロ・ショートをベースとする同モデルはシャーシとフレームを剛結し、ロールゲージによって高いボディ剛性を確保。サスペンションはストロークを独立懸架が250mm、固定軸が300mmに制限されていたことから、プロトタイプカーのようなホイールトラベル（ストローク）を確保することはできなかったが、T2規定の厳しい制約のなか、フロントはプロトタイプカーで培った独立懸架、リヤは形式変更が行えないことからパイプでトラス（三角形を基本とした構造）を組んだアクスルと長大なトレーリングアームによるリジット方式とした。エンジンは市販車両と同様に6G74型3.5L V6エンジンを搭載。大きな改造が許されなかったものの300psを発揮し、素性の良さもあって扱いやすいエンジンに仕上がって

1997年ダカールラリー。プロトタイプカーの投入が禁止されたことから三菱はパジェロ・ショートをベースとするT2仕様車を投入。この"T2元年"となった同大会で主導権を握ったのは、日本人ドライバーの篠塚建次郎で、序盤からラリーを支配した。

1997年ダカールラリー。序盤で抜け出した篠塚建次郎がラリーをリード。フィニッシュ前日は「いろいろなことが心配で眠れなかった」と回顧する。

いた。

　チーム体制は前大会のメンバーを踏襲しており、引き続き「チーム三菱石油ラリーアート」から篠塚建次郎、「チームPIAA三菱ラリーアート」からブルーノ・サビー、「チーム・オフロードエクスプレス三菱ラリーアート」からジャン-ピエール・フォントネが1997年型のパジェロT2仕様車で参戦した。同時に「チーム・カープラザ三菱石油ラリーアート」より増岡浩がフランスのファスターガレージで製作したチャレンジャーのT2仕様車で参戦するなど、三菱ワークスは計4台体制で、"T2元年"のダカールラリーにチャレンジした。

　1997年の第19回ダカールラリーはルート構成に関しても大きな変更が行われていた。これまでゴール地として親しまれてきたダカールがスタート地となり、往年の大会で休息日に設定されていたニジェールのアガデスを5年ぶりに経由し、再びダカールに入りゴールを迎えるという非常にユニークなルートを採用していた。スタートは1月4日、ゴールは19日の15日間の行程で、総走行距離7,967km、SS距離6,331km。ダカールラリー史上で初めてアフリカ大陸だけで争われるイベントとして開催された。

　エントリー台数は二輪が126台、四輪が99台、トラック55台で、合計280台が集結した。そのなかで三菱にとって最大のライバルと目されていたのが、オリジナルのバギーで参戦する元世界スポーツプロトタイプカー選手権チャンピオンのジャン-ルイ・シュレッサーだった。二輪駆動車ながら新規定で定められた最低重量によりシュレッサーのバギーはパジェロよりも300kgも軽く、この軽快性は侮りがたいものがあった。フラットな高速ステージでの最高速は圧倒的で、しかも比較的高速ステージの多いコース設定となっていたことから、T2時代のダカールラリーではシトロエンに代わって、プライベーターながらライトウェイトのモンスターマシンを持つシュレッサーが最大のライバルとなったのである。

　とはいえ、1985年からプロトタイプ仕様車でワークス活動を行ってきた三菱は、それと並行してT2クラスに参戦するカスタマーのために市販車改造のパジェロを開発するなど、このクラスの車両に関しても豊富な実績を持っていた。同時に1993年から三菱でダカールラリー用パジェロの車体開発を担ってきた乙竹嘉彦によれば「プロトタイプと違って市販車改造は制約が多いので、今まで考えなかった細かい部分も手を付けるようになりました。そのおかげなのか、最初は市販車改造では"話にならない"だろうと思っていたのですが、いざ作ってみると意外と走れることに驚きました」とのことで、T2仕様車ながらパジェロは抜群のパフォーマンスを発揮した。事実、1997年型モデルのステアリングを握った篠塚も「テストの時からフィーリングが良かった。確かにパワーは落ちたけれど、圧倒的に乗りやすくなったからタイムは悪くなかった。ジャンプの時も今までは

前から着地していたので恐かったけれど、1997年のクルマは姿勢がフラットなのでアクセルを緩めることなく、安心して走ることができた。だからテストの段階から行けそうな感じがしていた」と好感触で、その言葉どおり、三菱勢は序盤からラリーを支配した。

好調な出足を見せたのはフォントネで競技初日のSSでベストタイムをマーク。サビーが2番手、篠塚が3番手に着け、増岡が6番手で続いた。2日目には軽快なバギーでシュレッサーがトップに立つものの、翌日には篠塚がベストタイムでトップを奪還した。競技6日目にはニジェール国内の民族紛争に起因する治安問題からビバーク地が変更されたが、篠塚は動じることなく、この区間でもベストタイムを叩き出した。対するシュレッサーは転倒を喫し、そのままリタイアしたことから、

「完全にチーム内の争いだった」と篠塚が語るようにトップ争いは4台の三菱勢で展開されることになった。

それでも、篠塚はテレネ砂漠の中心を駆け抜けるアガデスの行程で3度目のベストタイムを出し、総合首位で中間地点を折り返す。1997年の大会は総走行距離が短いながらもエアメカニック・サービス（エアメカ）が禁止されたマラソンステージが設定されたことから、サバイバルラリーが展開されていたのだが、篠塚は後半戦でも好調にリードを保ちながら首位をキープ。日本人ドライバーにとって初の快挙が目前に迫りつつあっただけに篠塚には大きなプレッシャーがかかっていたに違いない。実際、篠塚は「ゴールの前の日は眠れなかった」と振り返る。「1992年のパリ～ケープダウンで勝った（ユベール）オリオールも

1997年ダカールラリー。初参戦から12回目のチャレンジで、ついに篠塚建次郎が日本人ドライバーとして初めて総合優勝を獲得。48歳のベテランが歴史に残る快挙を達成した。

1997年ダカールラリー。パジェロのT2仕様車は安定した走りを披露。篠塚建次郎に続いて、ジャン-ピエール・フォントネが2位に入賞した。

1997年ダカールラリー。三菱は圧倒的な強さを発揮した。ブルーノ・サビーが3位入賞を果たし、T2パジェロが1-2-3フィニッシュとなった。

ゴールの前の夜は緊張して震えていたけれど、自分でも同じようになるのだなぁと思った。すでに中盤の段階で1位から4位まではタイム差が開いていたのでチーム内のバトルも決着がついていたとはいえ、きちんとエンジンがかかるかなぁ、とか、オイル漏れしないかなぁ、とかいろいろなことが心配になった」と篠塚は当時の心境を語っている。

とはいえ、篠塚はそのプレッシャーに打ち勝ち、最後まで安定した走りを披露。「1986年に初参戦して12回目のチャレンジだったし、当時はもう48歳だったからね。1992年にオリオール、1993年に（ブルーノ）サビーとチームメイトが勝っていたから自分にもチャンスはあると思っていたけ

れど、その一方で本当に勝てるのかなぁという気持ちもあっただけに、勝った時は嬉しいというよりもほっとした気持ちが強かった」と語るように、篠塚が日本人として初めて、ダカールラリーで総合優勝を獲得したのである。

マニュファクチャラーズ部門で日本の自動車メーカーはトップ争いをしていたが、当時はまだ世界トップクラスで活躍できる日本人ドライバーが少なかったことから、まさに篠塚の勝利は日本のモータースポーツ史において大きな快挙となった。その篠塚に続いてフォントネが2位、サビーが3位とT2パジェロが上位3台を独占するほか、T2チャレンジャーを駆る増岡も4位につけたことで、三菱が同一メーカーとしては初めてトップ4

1997年ダカールラリー。フランスのファスターガレージで開発したチャレンジャーT2仕様車を武器に増岡浩も活躍。4位入賞を果たしたことで、三菱ワークスが上位4位までを独占した。

1997年ダカールラリー。T2仕様車を駆る三菱のクルーたち。ビバークではリラックスした表情を見せていた。

を独占した。

　さらにT1クラスに目を向けるとカルロス・スーザが優勝するほか、ブルー・ロッテリーが2位、ミゲル・プリエトが3位に着け、同クラスにおいても1-2-3フィニッシュを達成。そのほか、三菱ワークスのサポートトラックとして出場した2台の三菱ふそう・ザ・グレートT4仕様車もギルバート・ベルシノがトラッククラス5位、排気量10L以上クラス2位に着けるほか、クリストフ・グロンジョンが同クラス6位／3位で完走するなど、同大会においても三菱勢が多くのクラスで素晴らしいリザルトを残すこととなった。

1997年ダカールラリー。カルロス・スーザがT1クラスを制覇。ブルー・ロッテリーが同2位、ミゲル・プエリトが同3位につけたことで、三菱ユーザーがT1クラスでも1-2-3フィニッシュを達成した。

1998年―パジェロエボリューションを投入 フォントネが初優勝

　ASO（アモリー・スポーツ・オーガニゼーション）の独自規定により、1997年にドラスティックな改革が行われたダカールラリーだが、それを追認するようにFIA（国際自動車連盟）も1998年の大会に向けて新規定を策定。安全性の向上を目的に改造範囲を大幅に制限した。

　具体的にはサスペンションの取り付け点やラダーフレームの変更の禁止、エンジンリストリクターの装着義務化、最低重量の見直しなど改造範囲がさらに制限され、T2仕様車には厳しいレギュレーションとなっていた。そのため、三菱はベースとなる市販車両のパフォーマンスを高めるべく、1997年10月にスポーツ性能を高めた限定生産モデル、パジェロエボリューションをリリースした。

　同モデルは前後のトレッドを拡大し、リヤにダブルウィッシュボーン式独立懸架サスペンションを採用するなど、これまでのモータースポーツの経験を注ぎ込んだハイスペックモデルで、フロントサスペンションも細部を一新することでストロークを拡大。さらにエクステリアもオーバーフェンダーやエアスクープ付きアルミ製ボンネットを採用するなど実用性の高いスタイリングに仕上がっており、パワーユニットの6G74型3.5LV6エンジンもバルブタイミング可変機構付きの"MIVEC"が搭載されていた。

　この限定モデルのパジェロエボリューションをベースに開発された1998年型のT2仕様車も充実したスペックを持つマシンに仕上がっていた。1997年型モデルに対して100mmのワイド化を実現したほか、サスペンションはベースモデルに沿って

1998年ダカールラリー。三菱は1997年に発売された限定モデル、パジェロエボリューションをベースにT2仕様車を開発。ラリー序盤で首位に浮上したジャン・ピエール・フォントネがラリーを支配した。

1998年ダカールラリー。2連覇を狙っていた篠塚建次郎だったが、砂丘でスタックしていまいタイムロス、2位に惜敗することとなった。

ルラリーおよびWRCでエンジン開発を担ってきた幸田逸男が語るように、最大トルクは34.0kg-mから36.0kg-mまで拡大されていた。ミッションは副変速機を廃して6速に変更。車両規定が変更されたことで、車両重量は1997年型モデルより50kgも重い1675kgとなったが、走破性は格段に向上していた。

ドライバーのラインナップに関しては大きな変更はなく、引き続き「チーム三菱石油ラリーアート」から篠塚建次郎、「チームPIAA三菱ラリーアート」からブルーノ・サビー、「チーム・オフロードエクスプレス三菱ラリーアート」からジャン・ピエール・フォントネが1998年型パジェロでエントリー。同時に「チーム三菱石油ラリーアート」から増岡浩がT2仕様のチャレンジャーでエン

4輪ともに独立懸架式を採用。エンジンはφ32mmのリストリクターの装着で最高出力は300psから260psへパワーダウンが図られてはいたが、「上がダメなら下を上げようということで、燃焼効率を良くしてトルクを上げた」と1984年よりダカー

1998年ダカールラリー。ラリー序盤で首位につけていたブルーノ・サビーだったが、ミッショントラブルで後退。それでも3位入賞を果たした。

T5クラスが創設されたものの、エアメカを禁じたマラソンステージが3箇所も設定されたことから、323台の出走台数のうち、ゴールに辿り着いたのは104台と完走率の低い大会となった。

　このメモリアルな1戦で三菱ワークスのライバルと目されていたのが、ジャン-ルイ・シュレッサーが投入したオリジナルマシン、シュレッサー・バギーだった。同モデルは二輪駆動ながら抜群の軽快性を持つプロトタイプモデルで、前大会から素晴らしいパフォーマンスを見せていた。1998年は性能の調整を図るべく、排気量と駆動方式に応じて最低重量が定められるようになり、二輪駆動のシュレッサー・バギーは四輪駆動のパジェロに対して500kg以上も軽いライトウェイトモデルとして完成していた。そのほか、リストリクター径も大きく、エンジンをセアト製からルノー製に変更したことで最高出力も向上。さらにサスペンションストロークも規制はなく、理想のサスペンションストロークを確保したほか、タイヤの空気圧調整システムを導入するなどパンク対策も施されていた。

　だが、いざラリーが始まると三菱勢が猛威を発揮し、トップ争いを支配していた。

トリーしており、合計4台が三菱ワークスとして参戦していた。そのほか、チームのアシスタンストラックとして2台の三菱ふそうスーパーグレードのT4仕様車を投入。さらに前年と同様に三菱ふそうのディーラーメカニック派遣活動も継続されており、販売会社のメカニック2名がエアメカとして現地に同行し、フランス人メカニックとともにサービス活動を行っていた。

　1998年のダカールラリーは20周年記念大会ということもあって原点回帰のスタイルで開催された。5年ぶりにフランス・パリをスタートし、セネガルのダカールにゴールするクラシカルなルートが採用されていた。スタート会場はベルサイユ宮殿前で3年ぶりに1月1日に出発し、スペイン、モロッコを経て11日にマリのガオに休息日を設定。その後、モーリタニアを経てラックローズに到着するという設定となっていた。総走行距離が10,593km、SS距離が5,219kmの長丁場のルートで、しかも、同年より参加者の〝イコールコンディション〟を図るべく、GPSが主催者供与のシンプルな機材になり、ナビゲーションの難易度が増していた。さらに競技には参加せず、補給路を走ってビバーク地を巡るアシスタンストラックの

1998年ダカールラリー。増岡浩はチャレンジャーT2仕様車で参戦。一時は3番手につけていたが、最終的には4位に入賞。三菱は2年連続でトップ4を独占した。

ラリー序盤をリードしたのが、1993年の大会ウイナーであるサビーでSSトップタイムをマーク。しかし、ミッショントラブルで後退したことから、チームメイトのフォントネが首位に浮上した。一方、前大会を制した篠塚は「1998年のクルマも乗りやすかったので、もう一度、優勝したかった」と大会2連覇を狙っていたのだが、「砂丘でもぐってしまいチャンスを失った」と語るようにスタックやバンクでタイムロスを喫し、首位となったフォントネが後続とのリードを拡大していった。休息日のガオへのSSはキャンセルされたことから、各マシンはリエゾンとして走行。首位はフォントネ、2番手はサビーで、序盤のトラブルで遅れていた増岡が3番手に浮上し、篠塚が4番手で後半戦を迎えた。後半戦では篠塚が猛追を披露し、モーリタニアのネマへのSSで3番手に浮上した。さらに終盤のブーティリミへの行程でサビーがスタックを喫したことで篠塚は2番手まで浮上した。しかし、その間に首位のフォントネはトップタイムを記録しながらリードを拡大。結局、参戦15回目のフォントネが自身初優勝を獲得するとともに三菱が2連覇を達成し、四輪部門で最多勝となる5勝目を獲得した。

フォントネに続いて篠塚が2位、サビーが3位、増岡が4位に着けたことで三菱は2年連続でトップ4を独占。新規定の採用で三菱勢の苦戦が予想されたものの、三菱ワークスは実に17箇所のSSのうち、16箇所でベストタイムを叩き出したほか、5位のシュレッサーに8時間以上の差を付けるなど、三菱ワークスはパジェロおよびチャレンジャーを武器に圧倒的なパフォーマンスを見せつけることに成功した。

1998年ダカールラリー。206号車を駆るジャン・ピエール・フォントネが自身初優勝を獲得した。これにより三菱は2連覇を達成し、四輪部門で最多となる5勝目を獲得した。

また、T1クラスでも三菱勢がトップ4を独占しており、女性ドライバーの友川真喜子もクラス16位で完走するなど三菱ユーザーがパジェロで活躍した。

なお、1988年のダカールラリーで欠かせないトピックスとなるのが、元スキー滑降競技のチャンピオン、リュック・アルファンの参戦で、パジェロのT1仕様車でダカールラリーにデビュー。結果はリタイアに終わったが、二輪部門に目を向けるとステファン・ペテランセルが史上最多の6勝目を獲得するなど、後に三菱のワークスとして活躍する逸材たちが注目を集めていた。

1999年—シュレッサー・バギーが躍進 ブリエトが2位惜敗

2年連続でトップ4を独占するなど前人未到の偉業を達成した三菱は、名実ともに〝砂漠の王者〟として定着していた。T2仕様車ながらパジェロは抜群のパフォーマンスを誇っていただけに、1999年型モデルは大きな変更を行うことなく細部の改良でマシンを熟成。その結果、完成度が高く、安定性の高いマシンに仕上がっていた。

1999年型のパジェロエボリューションT2仕様における最大のポイントが、走行中に車内からタイヤの空気圧を調整できるシステム、CTISを採用したことにほかならない。これに合わせて専用ホイールを採用し、タイヤサイズも16/78-16から18/80-16へ拡大。これにより砂や岩などの路面状況の変化に対して最適な空気圧で走行でき、さらに砂丘の脱出用にフロントデフにロック機構が組み込まれ、砂漠での走破性が大幅に向上していた。

エンジンに関しても車両規則の変更により圧縮比が10.5以下と定められたものの、6G74型3.5L V6 MIVECエンジンの細部を改良することによってエンジンパワーをキープすることに成功していた。まさに1999年型モデルは前年型の正常進化バージョンとして、テスト段階から好感触を見せており、ダカールラリーの実戦テストの舞台として参戦していたFIAのクロスカントリーラリー・ワールドカップでも猛威を発揮していた。

ワールドカップとは文字どおり、クロスカントリーラリー競技の国際シリーズで、アトラスラリーやチュニジアラリーなど、それまで個々に開催されていたビッグイベントを統合する形で1993年にスタート。三菱も設立当初はワールドカップ

1999年ダカールラリー。1997年型モデルを武器に2位入賞を果たしたミゲル・プリエトに続いて女性ドライバーのユタ・クラインシュミットが1998年型モデルで3位に入賞。T2クラスで勝利を獲得した。

に参戦しており、数多くのイベントで勝利を獲得していたが、1994年以降はシリーズ参戦を見合わせ、ダカールラリーの開発テストの一環として、一部のイベントのみにスポット参戦を行っていた。

しかし、1999年のダカールラリーに向けてパジェロエボリューションT2仕様車の熟成を図るべく、三菱は1998年よりワールドカップへのシリーズ参戦を再開。最終戦となるUAEデザートチャレンジでも総合優勝を獲得してマニュファクチャラーズ部門でチャンピオンに輝くなど、確かな手応えを掴んでいた。

1993年のダカールラリー王者、ブルーノ・サビーが離脱したことから、ワークス体制は2台となった。「チーム三菱石油ラリーアート」から篠塚建次郎、「チームPIAA三菱ラリーアート」からジャン-ピエール・フォントネが1999年型モデルで参戦するなど、優勝経験を持つベテランドライバーがエントリー。さらにドイツの販売会社を母体とする「MADG（MMC Auto Deutschland GmbH）チーム」から女性ドライバーのユタ・クラインシュミットが1998年型のパジェロエボリューションT2仕様車で参戦していた。

ちなみにスペインの販売会社を母体とする

「MMCE（MMC Automoviles Espana S.A.）チーム」から、T1クラスで活躍したミゲル・プリエトが1997年型のパジェロT2仕様車で参戦していたのだが、1997年のT2規定で開発された同車両はリストリクターと最低重量を調整しても1998年以降のT2規定に抵触していた。そこで、販売会社のMMCEは非ワークスチームとしてT3（プロトタイプ車両）クラスとしてエントリーしていた。さらにこれまで同様にファスターガレージ制作のチャレンジャーT2仕様車で参戦した「チームラリーアート」の増岡浩もMIVEC仕様の6G74型3.5L V6エンジンを搭載すべく、ボンネットの形状を変更するなど規定外の改造を施していたことから、増岡もT3クラスで参戦していた。

1999年の第21回ダカールラリーは再びスタート地をスペインのグラナダに戻し、セネガルのダカールを目指す「グラナダ～ダカールラリー」として開催された。スタートは1月1日でモロッコ、モーリタニア、マリを経て、9日にブルキナファソのボボジウラッソに中間休息日を設定。後半戦は再びマリ、モーリタニアを通過し、17日にダカールのラックローズでゴールを迎えるという設定で、総走行距離9,270km、SS距離5,597kmとなっ

1999年ダカールラリー。三菱はタイヤの空気圧を車内から調整できるCTISを採用した1999年型モデルを2台投入。しかし、篠塚建次郎はガス欠でタイムロスを喫し、4位に留まった。

1999年ダカールラリー。増岡浩はチャレンジャーT2仕様車でエントリー。ボンネットの形状を変更したことからT3クラスでの参戦となったが、クラッチトラブルで上位争いから脱落し、6位でフィニッシュした。

1999年ダカールラリー。元スキー滑降競技の世界チャンピオン、リュック・アルファンがパジェロT1仕様車で活躍。参戦2年目にしてクラス優勝を獲得した。

ていた。

　この1999年の大会でまず主導権を握ったのは大会3連覇を狙う三菱勢で、1997年型パジェロを駆るプリエトと1999年型パジェロのフォントネがSSベストを叩き出すほか、1998年型パジェロのクラインシュミットも女性ドライバーとして初めてステージウインを獲得するなど、毎日首位の座を入れ替えながらトップグループを形成していた。しかし、1999年型のフォントネが冷却水漏れやウインドウ破損に祟られてラリー序盤で大きく後退したほか、6日のモーリタニアからティジクジャへの行程で、3日間にわたってトップを守ってい

1999年ダカールラリー。最新モデルを武器に上位争いを展開していたジャン-ピエール・フォントネだったが、冷却水漏れやウインドウの破損に祟られて後退。それでも粘り強い走りで9位完走を果たした。

たクラインシュミットがスタックと3度のパンクでトップ争いから脱落。さらに同じく1999年型モデルの篠塚がガス欠、チャレンジャーの増岡もクラッチトラブルで後退した。こうして三菱勢が総崩れとなるなか、首位に浮上したのがシュレッサー・バギーを駆るホセ・マリア・セルビアだった。シュレッサー・バギーは二輪駆動車ながら最高速において三菱パジェロを凌駕するパフォーマンスを発揮。1月7日にセルビアがスタックで後退したものの、代わって車両を開発したチームオーナーのジャン-ルイ・シュレッサーがトップに浮上した。これを追う三菱勢も8日のSSでベストタイムをマークしたプリエトが2番手に浮上。クラインシュミットが3番手につけ前半戦を折り返した。

　後半戦に入ると篠塚、フォントネ、クラインシュミットがトップタイムをマークするなど猛追を開始。2番手のプリエトもコンスタントな走りで首位のシュレッサーを追いかける。しかし、プリエトは痛恨のスタッグで最後までシュレッサーを捕らえることができずに、シュレッサーが初優勝を獲得。プリエトは33分差の2位で惜敗することとなった。それでも、クラインシュミットが3

位でT2部門での勝利を飾るほか、篠塚が4位、増岡が6位、さらに後半戦はチームプレイに徹したフォントネも9位で完走。計4台が10位以内に食い込み、16箇所のSSのうち11箇所でベストタイムを叩き出すことで、三菱勢がパジェロ／チャレンジャーのスピードを証明した。

なお、T1クラスでは元スキー滑降競技の世界チャンピオン、リュック・アルファンがパジェロエボリューションを武器にクラス優勝を獲得。クレベール・コルバーグが同クラス2位に着けたことで1-2フィニッシュを達成した。

2000年—3代目パジェロ投入
フォントネが3位入賞

1999年9月、三菱はパジェロのモデルチェンジを実施し、3代目となる新型パジェロをリリースした。三菱のモータースポーツ部門およびソノート社の契約ガレージ、SBM（ソシエテ・ベルナール・マングレー）でも2000年のダカールラリーをターゲットに、同モデルをベースにしたT2仕様車の開発が実施されていた。

新型のパジェロT2仕様車はラダーフレームを廃した軽量なモノコック構造のボディを持つマシンで、従来型に対してホイールベースが130mmも延長された。さらにサスペンションもパジェロエボリューションと同様に4輪独立懸架式になるなど理想的なパッケージとなり、低重心化と高剛性化を押し進めることによって高速安定性が向上していた。

そのほか、過酷な路面コンディションでのロングランに備えて燃料タンクを400Lから470Lに増

2000年ダカールラリー。三菱はベース車両のモデルチェンジに合わせて3代目パジェロをベースにしたT2仕様車を投入。ジャン-ピエール・フォントネが三菱勢の最上位となる3位でT2クラスを制した。

量し、スペアタイヤを3本から4本搭載に変更するなど細部の改良も施された。エンジンは熟成を極めた6G74型3.5L V6 MIVECで、6速ミッションを組み合わせたフルタイム4WDを採用するなど、実績のあるシステムを踏襲していた。同マシンは1999年11月にFIAのクロスカントリーラリー・ワールドカップの最終戦として開催されたUAEデザートチャレンジで実戦にデビューしており、篠塚建次郎が2位に入賞するなどそのパフォーマンスの高さを証明していた。

　ちなみに三菱は1999年のダカールラリーが終了してからも1999年型モデルでクロスカントリー・ワールドカップへ参戦しており、篠塚が第2戦のイタリアン・バハで勝利を飾るほか、第3戦のラリーチュニジア、第7戦のポーラス・パンパスで2位に入賞。その結果、三菱は同シリーズにおいて2年連続でマニュファクチャラーズチャンピオンに輝いていた。

　チーム体制に関しても充実したラインナップで「チーム日石三菱石油ラリーアート」から篠塚が2000年型のパジェロT2仕様車で、チームメイトとしてワークスチームに加入した増岡浩が1999年型のパジェロエボリューションT2仕様車でエン

トリーしていた。さらにフランスの販売会社チーム「ソノートS.A.チーム」からジャン-ピエール・フォントネが2000年型モデル、ドイツの販売会社チーム「MADGチーム」からユタ・クラインシュミットが2000年型モデル、スペインの販売会社チーム「MMCEチーム」からミゲル・プリエトが1999年型モデルで参戦するなど、ワークスチームおよび海外販売会社チームから計5台のパジェロが参戦した。そのほか、ポルトガルの販売会社チーム「MMPチーム」からカルロス・スーザがストラーダT3仕様車でエントリーするなど、ワークスおよびプライベーターを含めて総勢27台の三菱勢がチャレンジしていた。

　記念すべきミレニアムを迎えた2000年の第22回ダカールラリーは、大会史上において初めてアフリカ大陸を西から東へ横断する壮大なルートで開催された。1999年12月28日、フランス・パリでプレ・スタートのセレモニーを行った後、マシンはルアーブル港からフェリーでアフリカ大陸の大西洋岸に位置するセネガルへ運ばれ、2000年1月6日にダカールをスタート。マリ、ブルキナファソ、ニジェールへと進み、14日にアガデスに休息日が設定された。後半戦はリビアを通過し、エジプト

2000年ダカールラリー。2000年型モデルを駆るユタ・クラインシュミットが安定した走りを披露。5位で完走を果たした。

へ突入。ゴールは23日、エジプトの首都カイロの
ギザのピラミッド前で、総走行距離は7,863km、
SS距離は5,012kmで、18日間、通過7カ国という、
まさにアドベンチャーなスタイルで開催された。

　同イベントは四輪135台、二輪200台、トラック66台と久しぶりに400台オーバーのエントリーを集めるなか、順調な出足を見せていたのが篠塚だった。1月6日のダカール〜タンバクンダこそ2番手に終わるものの、1月7日、タンバクンダ〜カイユへのステージでベストタイムを叩き出し、トップへ浮上していた。同ステージはサバンナ地帯のブッシュを抜けるツイスティなコースで、スーザが2番手、増岡が3番手に着けるなど、テクニカルなセクションを得意とする三菱勢が抜群のスピードを披露していた。

　その後も篠塚はコンスタントな走りで、第6レグまで首位をキープしていたのだが、11日、ニジェール最初のビバーク地であるニアメに到着したところでハプニングが発生した。テロ襲撃の情報を受け、主催者のASO（アモリー・スポーツ・オーガニゼーション）はラリーを中断。ニジェール国内での競技をキャンセルし、全競技車両を空輸して、18日リビアのワウエルケビルから競技を再開することになったのである。

　「ロシアのアントノフという大きな飛行機で移動したのだけれど、こんなハプニングはパリダカ参戦15年目にして初めての経験だったから驚いたよ。でも、前半戦で終わってくれれば勝てたのだけれどね。後半戦はまったくダメだった」と語るのは篠塚だが、その言葉どおり、予想外のアクシデントに見舞われることとなった。篠塚は17日の第11レグこそ首位を堅守したが、18日はフラットな高速ステージが主体になっていたことから、

軽量かつクラストップの最高速を誇るシュレッサー・バギーを武器にジャン-ルイ・シュレッサーがトップに浮上。T3車両のメガ・デザートを駆るステファン・ペテランセルが2番手に浮上し、篠塚は3番手まで後退していた。これが焦りに繋がったのか、翌19日のSSで猛チャージをかけるものの、「3代目パジェロでの初のパリダカだったから、なんとか優勝したいという気持ちが強かった。だから、頑張りすぎてしまったんだろうね。当日は6台同時のスタートで、途中から4台で競争しながら走っていたのだけれど、砂丘で4台がほとんど同時に飛んで、そのままクラッシュしてしまった」と語るように篠塚はスーザ、プリエト、日産自動車チームでテラノを駆るグレゴリー・ド・メビウスらとともに砂丘越えのジャンプでアクシデントに遭遇。そのままリタイアすることになったのである。

　篠塚は幸いにも軽傷ですんだが、ナビゲーターのドミニク・セリエスは背骨を骨折し、同大会でナビゲーターを引退。後に触れるがドミニクは2001年からはチームマネジメントを担当するようになり、2002年からは監督として活躍するようになる。

2000年ダカールラリー。2000年型モデルを駆る篠塚建次郎は第11レグまで首位をキープしていたが、第12レグで3番手に後退。さらに第13レグの砂丘越えのジャンプで転倒し、そのままリタイアとなった。

2000年ダカールラリー。篠塚建次郎のチームメイトとして1999年型モデルで参戦した増岡浩。総合6位、T2クラスの3位でフィニッシュした。

結局、このアクシデントを尻目に後続との差を広げたシュレッサーがそのまま逃げ切って大会2連覇を達成した。三菱とラリーアートの協力を経てSBMがパジェロ・プロトタイプ仕様車の経験をもとに開発したT3仕様車、メガ・デザートを駆るペテランセルが2位につけ、フォントネが三菱勢の最上位となる総合3位で完走を果たし、T2クラスでの勝利を獲得した。さらにクラインシュミットが総合5位でT2クラス2位に着けるほか、増岡も総合6位でT2クラス3位でフィニッシュ。2000年の第22回ダカールラリーはシュレッサー・バギーが得意とする高速ステージが例年以上に多く見られた大会だったが、三菱勢は半数以上のSSでトップ

2000年ダカールラリー。カルロス・スーザがストラーダT3仕様車で参戦していた。序盤は2番手につけるなど素晴らしい走りを披露していたが、篠塚建次郎とともに第13レグの砂丘越えでクラッシュし、リタイアした。

タイムを叩き出していた。

なお、T1クラスではクレベール・コルバーグが前大会に続いて2位に入賞した。同大会はニジェールでの競技がキャンセルされたこともあって、四輪部門の完走率は67%と比較的高かったが、三菱勢は27台中20台が完走、全体の完走率を上回る74%の完走率を記録することによって信頼性の高さも証明していた。

2001年—増岡は悲運の2位
クラインシュミットが初の女性ウイナーに

二輪駆動ながら軽量ボディを武器にダカールラリーで2連覇を達成、パジェロより600kgも軽いシュレッサー・バギーは、高速性能において他を寄せ付けないほどのパフォーマンスを見せていたことから、三菱陣営は2001年の大会でタイトル奪還を果たすべく、パジェロT2仕様車の改良を行っていた。

2001年型モデルにおける最大のポイントが、パワーユニットである6G74型3.5L V6 MIVECエンジンの改良であった。T2規定では大幅なチューニングは行えないものの、ECUのマッピングを変更することで扱いやすさを向上させるとともに許容回転数も向上。さらに減速比を見直して最高速および高速加速性能が高められていた。

これと同時に4輪独立懸架サスペンションも新たに非線形スプリングを採用することで悪路での衝撃吸収性を向上したほか、タイヤも耐パンク性能を引き上げるなど細部の熟成を図ることでパフォーマンスが高められていた。事実、2001年型モデルは2000年のFIAクロスカントリーラリー・ワールドカップに投入されており、各ラリーで活

2001年ダカールラリー。三菱はECUの改良で扱いやすさと許容回転数を向上。ラリー序盤はシュレッサー・バギーの先行を許すものの、中盤戦以降は三菱勢が逆転。最終的にユタ・クラインシュミットが女性ドライバーとして初優勝を獲得した。

躍していた。第3戦のラリーチュニジア、第6戦のバハ・エスパニア、第7戦のマスターラリーでユタ・クラインシュミットが2位に入賞。さらに第8戦のポー・ラス・バンパスラリーでは、2000年のダカールラリーのクラッシュで負傷していた篠塚建次郎が完全復活を告げるかのように勝利を獲得していた。

もちろん、ドライバーのラインナップも隙のない体制だった。「チーム日石三菱石油ラリーアート」から篠塚と増岡浩が、「チーム・ヒューレット・パッカード・ラリーアート」からジャン-ピエール・フォントネがエントリー。さらにドイツの販売会社を主体とする「MADGチーム」からクラインシュミット、スペインの販売会社を主体とする「MMCEチーム」からミゲル・プリエトが参

戦するなど、三菱の支援を受けた海外の販売会社チームを含めて計5台のパジェロT2仕様車がエントリーしていた。そのほか、ポルトガルの販売会社チーム「MMPチーム」からカルロス・スーザがストラーダT3仕様車で参戦するなど、まさに前大会と同様に経験と実力を併せ持つドライバーが勢揃いしていた。

21世紀最初のモータースポーツイベントとして開催された2001年の第23回ダカールラリーは、原点回帰を目指してフランスのパリをスタートし、セネガルのダカールでゴールするクラシカルなルートが採用されていた。1月1日にパリのエッフェル塔近くのシャン・ド・マー広場をスタートした各チームは、スペインのアルメリアから地中海を渡ってモロッコのナドールからアフリカ大陸

2001年ダカールラリー。ラリーを支配した増岡浩に代わって、ユタ・クラインシュミットが優勝。三菱としては6度目の総合優勝となった。

へ上陸。その後は11日にモーリタニアのアタールに設定されている中間休息日を経てマリを通過し、21日にダカールでフィニッシュするルート構成だった。総走行距離は10,518km、SS距離は5,944kmとダカールを目指す大会としては、近年では長めの行程で、しかも、同大会においては飛行機でビバーク地を移動していたエアメカのサービスが3箇所に制限。アシスタントトラックとともに競技には参加せず、基本的に補給路を通ってビバーク地を巡るアシスタンスカー部門が設立されるなど、将来に向けたエアメカニック廃止への伏線としてサービス体制に大幅に制限が設けられていた。

それだけに2001年のダカールラリーでは、二輪119台、四輪142台、トラック36台と計297台の

エントリーのうち、完走を果たした台数は二輪76台、四輪53台、トラック12台の141台と約半数が脱落する過酷なサバイバル戦が展開された。

同大会においても三菱VSシュレッサー・バギーの一騎打ちでトップ争いが展開した。ラリー序盤をリードしたのは二輪駆動のオリジナルバギーを駆るジャン-ルイ・シュレッサーで1月2日の第2レグでトップに浮上した。3日の第3レグでは増岡がトップに浮上するものの、シュレッサーは翌4日にトップを奪還し、6日の第6レグまでポジションをキープしていた。シュレッサーは翌7日、コントロールゾーンでのけん引により1時間のペナルティを受けて8番手まで後退するものの、チームメイトのホセ・マリア・セルビアがトップに浮上していた。

まさに序盤戦はシュレッサー勢がトップ争いを支配していたのが、中盤戦に入ると三菱勢が猛追を開始した。三菱勢の快進撃で主役を演じたのが、抜群のスピードを持ち、着実に力をつけていた増岡だった。「1997年からの3年間はチャレンジャーで出ていたけれど、同じT2車両ながらパジェロよりもパワーが少なく、車両重量も約300kgも重たかったから、ワークスの3台のパジェロに続いて4位でゴールするのがやっとだった。2000年の大会は型落ちとはいえ、パジェロだったからチャレンジャーよりパフォーマンスは良かったけれど、チャンスが回ってきたのは2001年からで、ようやく反撃できるようになった」と語るように増岡は同大会において爆発的なスプリント能力を披露していた。

増岡のパジェロのみ、タイヤの空気圧調整システムであるCTISが装備されていなかったが、スタックで後退した篠塚を抑えて第3レグで首位に浮上。第4レグで2度のパンクを喫し7番手まで後退するものの、第7レグで、さらに前半戦を締め括る第10レグでもベストタイムを叩き出し、2番手に着けるクラインシュミットに約45分の差をつけて総合順位で首位に浮上していた。増岡は後

半戦に入ってからも好調で「シュレッサーと毎日サイド・バイ・サイドのバトル。本当にエキサイティングで走っていて楽しかった」と語るように激しいタイム争いを展開。シュレッサーが第12レグでベストタイムを叩き出せば、増岡が第13レグでベストタイムをマークし、その後も第14レグはシュレッサー、第15レグは増岡といったようにベストタイムを分け合いながらトップ争いを展開していた。

17日の第16レグで増岡はリヤサスペンションのトラブルに見舞われて約30分のタイムロスを喫するものの、なんとか首位をキープした。さらに翌18日の第17レグでは前走車の27台抜きで2番手タイムをマークするほか、第18レグで再びトップタイムをマークするなど冴え渡るドライビングを披露し、増岡は8日間にわたって総合首位をキープ。19日の第18レグでは2番手のシュレッサーに7分以上の差をつけてセネガルのタンバクンダに到着していた。

まさに悲願の初優勝に向けて着実にゴールへと近づきつつある増岡だったが、翌20日、タンバクンダからダカールへと向かう第19レグで予想外の事態が発生した。前日に大会5本目のSSベストを

2001年ダカールラリー。ジャン-ルイ・シュレッサーとのマッチレースを制し、優勝へ王手をかけていた増岡浩。しかし、シュレッサー・バギー勢の割り込みと主催者の計時ミスにより2位に惜敗した。

2001年ダカールラリー。ストラーダT3仕様車を駆るカルロス・スーザが総合5位で完走を果たした。

2001年ダカールラリー。ジャン-ピエール・フォントネが6位で完走、T2クラスで1-2-3-4フィニッシュを達成した。

マークしていた増岡は先頭スタートで出走する予定だったが、なんとシュレッサーとセルビアが前に割り込んでスタート。さらに前走するセルビアがステアリングのトラブルでペースダウン、前方を塞がれた増岡はコースを外れてオーバーテイクを試みるものの、その際に左後輪をヒットしてサスペンションを破損してしまい、3番手まで後退することとなったのである。

協議の結果、シュレッサーに1時間のペナルティが課せられたことから、増岡は首位のクラインシュミットから遅れること約2分55秒で2番手に着けるものの、最終日となる21日の第20レグはセレモニー的な25kmのステージしか残されていなかったことから、逆転は叶わずにそのままの順位でフィニッシュ。「信じられない。夢のようです。マスオカには申し訳ない気持ちがあったけれど、自分の優勝のチャンスを選ばずにはいられなかった。チームオーダーを出さなかった三菱にも感謝しています」と語るクラインシュミットが女性ドライバーとして初の総合優勝を獲得するとともに、三菱勢が6度目の総合優勝を獲得した。

「シュレッサーとのバトルは楽しかったけれど、最後に邪魔されて勝てなかった」と語るように2

位に惜敗した増岡だったが、大会終了から2ヵ月後にFFSA（フランス自動車連盟）から、その悔しさを助長するような連絡が入った。「3月ぐらいに電話がかかってきた。計時ミスがあったみたいで、"お前が優勝だった"と言われたよ」と増岡が語るように、シュレッサーとセルビアに割り込まれた20日のSSで計時ミスが発生していたのである。本来ならば4分早くスタートしたセルビアに課せられていた4分の減算が増岡から引かれていたことが確認されたのである。この計時ミスがなければ増岡は1分21秒差で優勝していたことになるが、競技結果が覆ることはなかった。

とはいえ、公式なチャンピオンとしてクライン

2001年ダカールラリー。篠塚建次郎は序盤でスタックしたほか、バッテリーやオルタネーターのトラブルで大きく後退。総合30位に留まった。

シュミットを祝福する一方で、世界各国のメディアは悲運の増岡を真のチャンピオンとして高く評価した。ライバルチームのアンフェアな行為と計時ミスにより記録としては2位に終わったが、脅威のスピードとテクニック、勝利への情熱でファンを釘付けにした〝サムライ・マスオカ〟は真のウイナーとして記憶に残ることとなった。

なお、1位のクラインシュミット、2位の増岡に続いてスーザが5位、フォントネが6位で完走を果たした。序盤のスタックで出遅れた篠塚は、「バッテリーのトラブルがあったし、オルタネーターも壊れてしまった。電気系がダメになったから、他のクルマのサポートに回っていた」と語るようにラリー中盤で電気系のトラブルに祟られて総合30位に終わるものの、三菱勢はT2クラスで1-2-3-4フィニッシュを達成。三菱の本格的な黄金

期が始まろうとしていた。

2002年─参戦20周年の記念イベントで増岡が悲願の初優勝を獲得

自動車メーカーによるプロトタイプ仕様車の投入が禁止されたことから、ダカールラリーを頂点とするクロスカントリーラリーは1997年より自動車メーカーのT2仕様車とプライベーターチームのT3仕様車（プロトタイプ車両）でトップ争いが展開されていたが、2002年にFIA（国際自動車）は技術規定を一新。年初に行われるダカールラリーは更新時期にあたることから、大会を主催するASO（アメリー・スポーツ・オーガニゼーション）は新規定を先取りして、独自の規則でラリーを開催した。

2002年ダカールラリー。三菱はレギュレーションの変更に合わせてパジェロ・スーパープロダクション仕様車を投入。同大会で安定した走りを披露したのが増岡浩で、徹底的なシミュレーションを実践することでラリーを支配し、待望の初優勝を獲得した。

新規定の最大のポイントが部門設定の再編だった。市販車改造のT2部門はプロトタイプのT3部門と統合され、スーパープロダクション部門が新設される一方で、市販車無改造のT1部門はプロダクション部門に移行。つまり、2002年よりダカールラリーをはじめとするクロスカントリーラリーはスーパープロダクション部門が最高峰クラスとなったのだが、新規定はそれにふさわしく、改造可能な範囲はプロトタイプ規定に近いものだった。過給器付きガソリンエンジンの禁止、リストリクターの装着、サスペンションストロークや全幅の規制など基本部分は従来のレギュレーションを踏襲していたが、車体に関してはチューブラーフレーム構造の採用が可能で、量産モノコックの使用やオリジナル車両の外観保持などの制約も撤廃されていた。そこで三菱も熟成を極めたパジェロT2仕様車をベースにスーパープロダクション仕様車の開発を実施。ロールゲージで補強したモノコックボディ、4輪独立懸架のサスペンションなどT2仕様車で実績のあるパッケージをフィードバックしながら、新規定に合わせて様々な改良が実施されていた。

2002年型のパジェロ・スーパープロダクション仕様車の最大のポイントが、6G74型3.5L V6 MIVECエンジンの改良で、前年までの規定により10.0に抑えられていた圧縮比を10.5へ高めるとともにカムシャフトを変更。従来どおり、φ32mmのリストリクターが装着されており、最高出力は260ps、最大トルクは36.0kg-mとスペック自体に大きな変化はなかったが、低中速性能が向上していた。

これに合わせてルーフをカットしてオイルクーラーを装着するなど、関連ユニットの適正配置で冷却性能が向上していた。さらにフロアパネルの一部を切削して500Lの燃料タンクを搭載することによって容量アップを図るとともに、低重心化が進められたことも特徴と言っていい。そのほか、駆動系もギア比の変更やドライブシャフトの強化を実施。車体とエンジンの軽量化により、2001年型のパジェロT2仕様車と比較して2002年のパジェロ・スーパープロダクション仕様車は約100kgの軽量化を実現していた。さらに、サスペンションの改良によって走破性が大幅に向上した。2002年型モデルはテスト走行を目的に2001年11月、クロスカントリーラリー・ワールドカップの最終戦として開催されたUAEデザートチャレンジで実戦にデビューし、篠塚建次郎、増岡浩、ジャン-ピエール・フォントネらが快走を披露。賞典外のオープンクラスながら、基本性能と信頼性の高さをアピールしていた。

チーム体制は「チーム日石三菱ラリーアート」から篠塚と増岡が参戦するほか、「チーム三菱ラリーアート」からユタ・クラインシュミット、ジャン-ピエール・フォントネがエントリーするなど、三菱ワークスチームとして計4台のパジェロ・スーパープロダクション仕様車を投入した。そのほか、三菱がサポートする「チーム三菱GALP

2002年ダカールラリー。前大会の覇者、ユタ・クラインシュミットが2位に入賞。

TMN CHESTERFIELD」からカルロス・スーザがス
トラーダ・スーパープロダクション仕様車で参戦
するなど豪華なメンバーが顔を揃えた。なお、
1983年の初参戦以来、三菱のワークスチームで監
督を務めてきたウーリッヒ・ブレーマーが2001年
9月、ガンとの闘病の末に61歳という若さで他界
した。そのため、1992年から三菱ワークスに加わ
り、ブルーノ・サビー、篠塚のコドライバーを務
めてきたドミニク・セリエスがチーム監督に就任
した。

　新規定を採用した2002年の第24回ダカールラ
リーはフランス、スペイン、モロッコ、モーリタ
ニア、セネガルの5ヵ国を舞台に2001年の12月
28日から2002年の1月13日にかけて開催された。
2001年の12月28日にフランスの地方都市、アラ
スをスタートし、スペインへと南下。モロッコの
タンジェからアフリカ大陸に上陸した後はアトラ
ス山脈を南下し、1月6日、モーリタニアのアター
ルに休息日が設定されていた。後半戦はセネガル
に入り、13日にダカール近郊の塩湖、ラックロー
ズでゴールセレモニーを開催。開催日数は17日間
と例年に比べて短い設定だったが、総走行距離
は9,427km、SS距離は6,952kmで、しかも、ASO
はラリーの原点回帰を目指してエアメカを休息日
の1回だけに制限するなど過酷な設定となってい
た。そのほか、丸2日間かけて約1,500kmの行程を
移動するスーパーマラソンステージやGPSの使用
を禁じて、方位計を頼りにルートを探すナビゲー
ション区間が設定されたことによって、2002年の
大会は例年以上に車両の耐久性やドライバーおよ
びナビゲーターのパフォーマンス、メカニックの
チームワークなど総合力が求められるイベントと
なった。

2002年ダカールラリー。ラリー序盤まで増岡浩とトップ争いを展
開した篠塚建次郎だったが、キャメルグラスにヒットしたほか、ス
タックでトップ争いから脱落。それでも3位で完走を果たした。

　それだけに2002年の第24回大会は序盤から多く
のチームが脱落するサバイバルラリーが展開され
ていた。そのなかで安定した走りを見せていたの
が、前大会で優勝を目前にしながらも、アンフェ
アな行為と計時ミスで2位に敗れた増岡だった。

　「2001年の大会は自分だけ室内でタイヤの空気
圧を調整するシステムがついていなかったけれど、
他のメンバーよりも速く走れていたから自信が深
まった。しかも、2002年は当時の最新モデルが自
分に回って来たから、より一層リベンジしたかっ
た」との言葉どおり、増岡は1月1日、アフリカス
テージの初日となる第5レグのSS4でベストタイム
を叩き出し、首位に浮上。翌2日には最大のライ
バルであるジャン-ルイ・シュレッサーのシュレッ
サー・バギーがエンジンから出火し、全焼でリタ
イア、4日の第8レグには増岡と首位を争っていた
日産ピックアップのグレゴリー・ド・メビウスも
エンジントラブルで後退したことから、トップ争
いは増岡VS篠塚の日本人ドライバーの一騎打ちと
なった。

　この注目の三菱ワークス対決で主導権を握っ
たのは増岡だった。「2001年の経験で普通に走れ
ば勝てるということが分かっていたけれど、それ

2002年ダカールラリー。ジャン-ピエール・フォントネが4位で完走。パジェロ・スーパープロダクション仕様車が上位4位までを独占した。

を確実にするために、ストイックにフィジカルトレーニングを行い、視力が2.5になるような特別なメガネを用意した」と語るように事前の準備を行ってきた増岡は、それと同時に2002年のコース図をもとに徹底的なシミュレーションを実施していた。「先頭スタートはリスクが高いので常に3番手か4番手で出走。1日毎にアタックして、1日ごとに休めば30分差で勝てる計算になっていた」との言葉を実践するように、増岡は5日の第9レグでベストタイムをマークすると後半戦に入ってからも7日の第10レグは2番手タイム、8日の第11レグはベストタイムといったように交互にアタックを実施した。

これに対して篠塚は「増岡も新しいクルマになったから、チーム内で激しいバトルになった。私は終盤で小さい砂の山に突っ込んでタイムロスをした」と語るように8日の第11レグで砂丘の陰に隠れていたキャメルグラスにヒットしてフロントを破損、翌9日の第12レグでは痛恨のスタックを喫し3番手に後退した。

首位の増岡は11日、第14レグに設定されていたスーパーマラソンステージでミスコースを演じた

2002年ダカールラリー。当時41歳の増岡浩が初優勝を獲得。1987年の篠塚建次郎以来、二人目の日本人ウイナーに輝いた。三菱にとっては同大会が参戦20回目の記念イベントで、通算7度目の総合優勝となった。

ことによって2番手に浮上したクラインシュミットに18分28秒差まで詰め寄られるものの、最後までコンスタントな走りで首位をキープ。「これまでのことが走馬灯のようにフラッシュバックしてくるのですが、不思議なことに思い出すことは悔しかったことや苦しかったことばかりだった。でも、優勝が決まるとそれが一気に吹き飛んだ。2001年に砂漠に忘れてきた落とし物をやっと取り返せたような気分で最高に嬉しかった」と語るように当時41歳の増岡が悲願の初優勝を獲得、1987年の篠塚以来、2人目の日本人ウイナーに輝いたのである。

2002年のダカールラリーは三菱にとって参戦20回目の記念イベントとなったが、増岡の勝利により三菱が通算7度目の総合優勝を獲得。さらに増岡に続いてクラインシュミットが2位、篠塚が3位に入賞したほか、フォントネが4位、スーザが5位で完走した。そのほか、ストラーダ・スーパープロダクション仕様車を駆るサエド・アルハジリが6位、ディーゼルエンジン搭載のパジェロ・スーパープロダクション仕様車を駆る元スキーのワールドカップチャンピオン、リュック・アルファンが7位でディーゼルクラスの勝利を飾るなど、数多くのプライベーターが活躍した。

2002年ダカールラリー。カルロス・スーザがストラーダ・スーパープロダクション仕様車で参戦。5位完走を果たした。

これに加えてT1クラスで活躍していたクレベール・コルバーグがパジェロ・スーパープロダクション仕様車で8位完走を果たしたことによって三菱勢が上位8位までを独占するとともに、ニコラ・ミスリンがパジェロ・スーパープロダクション仕様車で10位完走。2002年の大会は二輪167台、四輪117台、トラック34台のうち、完走を果たしたのは二輪が45台、四輪が53台、トラックが15台と例年以上に過酷なイベントとなったが、上位10台のうち9台を占めるなど、同大会においても三菱勢が圧倒的なパフォーマンスを披露した。

2003年—パジェロエボリューションで通算8勝目 増岡が2連覇を達成

車両規定の変更に合わせてスーパープロダクション仕様車を投入し、2002年のダカールラリーを制した三菱は2003年の大会に向けてニューマシン、パジェロエボリューション・スーパープロダクション仕様車を開発していた。MPR10の開発コードを持つ同モデルは文字どおり、スーパープロダクション規定に合致したクロスカントリーラリー用の競技専用モデルで、2001年秋の第59回フランクフルトモーターショーに出展したパジェロエボリューション・コンセプトカーにダカールラリーで培った技術を凝縮。最先端のスーパープロダクション仕様車として新しいアイデアが注ぎ込まれていた。

2003年型のパジェロエボリューション・スーパープロダクション仕様車は、チューブラーフレーム構造の車体を持っており、ボディ自体の高剛性かつ軽量化を進め、2002年型のパジェロ・スーパープロダクション仕様車に対して車高を

2003年ダカールラリー。三菱はチューブラーフレーム構造を持つ新型車、パジェロエボリューション・スーパープロダクション仕様車を投入。チームメイト、ステファン・ペテランセルと激しいトップ争いを展開した増岡浩が大会2連覇を達成した。

100mm下げながらも同時にロードクリアランスも拡大するほか、前面投影面積の減少で空力性能も向上していた。

　また、エンジンの搭載位置を100mm下方、300mm後方にレイアウトすることで低重心化と重量バランスの最適化を実現。4輪独立懸架式サスペンションもフランスのドネア社製の新型ショックアブソーバーを採用するなど、改良を重ねたことで運動性能が向上していた。

　もちろん、エンジンは定評のある6G74型3.5L V6 MIVECで、カムプロファイルの高速化を実施。ブロックの肉薄化による約10kgの軽量化など細部の熟成に神経を注いでいた。そのほか、コンロッドやクランクピンも新設計で、φ32mmのリストリクターを装着しながらも最高出力が260psから270psへ向上。最大トルクは36.0kg-mと2002年型モデルと同スペックながら吸排気系を改良することによって全域でのトルクが増強していた。組み合わせるミッションはダカールラリー参戦モデルとしては初めて6速シーケンシャルタイプが採用されており、操作性が大幅に向上したことも同モデルの特徴だった。

　この2003年型のパジェロエボリューション・スーパープロダクション仕様車は2002年11月、クロスカントリーラリー・ワールドカップの最終戦として開催されたUAEデザートチャレンジにテスト参戦しており、ダカールラリーの二輪部門で前人未到の6連覇を果たしているステファン・ペテランセルがデビューウインを達成。三菱のダカールラリー3連覇に向けて、スピード、耐久性とも

2003年ダカールラリー。ジャン-ピエール・フォントネが2位に入賞した。

にトップレベルであることを証明していた。

　一方、三菱ワークスはハード面のみならずソフト面も一新していた。日産へ移籍した篠塚建次郎、フォルクスワーゲンに移籍したユタ・クラインシュミットに代わって「チームENEOS三菱ラリーアート」から増岡浩とジャン-ピエール・フォントネ、「チームATS 三菱ラリーアート」からペテランセル、1988年および1989年のWRCチャンピオン、ミキ・ビアシオンが参戦するなどドライバーのラインナップを変更。ちなみに増岡とペテランセルが2003年型のパジェロエボリューション・スーパープロダクション仕様車で、フォントネとビアシオンは2002年型のパジェロ・スーパープロダクション仕様車で参戦することとなった。もちろん前大会で優勝実績を持つ2002年型モデルもエンジンの出力向上や車体細部の改良が施されていた。

　そのほか、2002年にソノート社がフランスでの輸入代理権を返上したことに伴い、ワークス活動の拠点をドイツ・フランクフルトに本拠を置くモータースポーツ活動の統括会社「MMSP（Mitsubishi Motors Motorsports）」に統合するなど、三菱はチーム体制も一新していた。これに伴

いソノート社の契約ガレージだったSBM（ソシエテ・ベルナール・マングレー）もMMSP直属のクロスカントリーラリー部門となり、マシンの開発やチーム運営を行うラリー活動の拠点となった。

　2003年のダカールラリーは25回目のメモリアルイベントであり、1月1日にフランス南部のマルセイユをスタートし、スペイン、チュニジア、リビアを経由して19日にエジプトのシナイ半島先端のシャルム・エル・シェイクにゴールする新ルートで開催された。パリ、ダカールの双方とも起終点としない大会はこれが初めてで、同じアフリカ大陸でも灼熱の砂丘を中心とする北西部から、寒冷のサハラを中心とする北東部へ舞台が移されることとなった。開催期間は19日間、総走行距離は8,576km、SS距離は5,254kmで、中間休息日は13日にエジプト・シワに設定。難易度の高いハイスピードステージやダイナミックな砂丘ステージが多いうえ、アシスタンス車両でのサポートができないマラソンビバークやGPSの使用を禁止したナビゲーションステージが設定されるなど、例年に劣らず過酷な大会となっていた。

　参加台数は四輪116台、二輪152台、トラック41台の合計309台で、四輪部門においてはパジェロエボリューションおよびパジェロを投入する三菱のほか、日産もアリ・バタネン、篠塚ら優勝経験を持つドライバーを起用し、ピックアップでのワークス参戦を開始していた。さらにフォルクスワーゲンもクラインシュミットを起用、2004年のトゥアレグでの本格参戦に向けてオリジナルバギーを投入するなど、3メーカーが集結していた。それだけに2003年のダカールラリーでは三つ巴のバトルが注目されていたのだが、いざラリーが始まると三菱がトップ争いを支配し、またして

2003年ダカールラリー。増岡浩と激しいトップ争いを展開したステファン・ペテランセル。終盤では増岡を引き離して単独首位に躍り出たが、フィニッシュ前日にラジエータのトラブルに祟られたほか、クラッシュで足回りを破損したことら3位でフィニッシュした。

もチームメイト同士の対決が展開されていた。

　1月1日、第1レグとして設定されているプロローグランこそ、日産の篠塚にトップを譲るものの、第2レグはペテランセル、第3レグは増岡、第4レグはペテランセル、第5レグは増岡といったよ

うに増岡とペテランセルがベストタイムを分け合いながら一騎打ちを展開した。しかし、第6レグを制したペテランセルに対して、増岡は8日の第7レグで痛恨のミスコースを喫し、約12分のタイムロス。増岡は第8レグでベストタイムをマークし、首位ペテランセルに約6分39秒差まで詰め寄るものの、第9レグで6度のパンクに見舞われたことによって首位ペテランセルと16分差の2番手で前半戦を終えることとなった。

　「夏のテストの時に、ジャンプの着地で背骨を痛めて以来、痛くて仕方がなかった。休息日にはドクターに来てもらって背骨の治療をしてもらった」と語る増岡だったが、後半戦では首位のペテランセルについていけず、17日の第15レグには首位ペテランセルと2番手の増岡との差は25分以上にまで拡大していた。そのため、このままペテラ

2003年ダカールラリー。増岡浩が史上4人目、日本人ドライバーとしては初めてダカール2連覇を達成。三菱が通算8勝目を獲得した。

ンセルが四輪部門での初優勝を獲得するかのように思われていたのだが、ゴール前日の18日の第16レグで予想外のハプニングが発生した。「最後のほうはチームオーダーも出ていたので、ペテ（ペテランセル）が来たら道を譲ろうと思っていたのだけれど、ペテが来ないままフィニッシュしました。そこではじめてペテが遅れていることを聞かされた」と語る増岡の言葉どおり、ペテランセルがスタート直後にラジエータの水漏れに祟られ、さらにフィニッシュ直前にクラッシュを喫し、左フロントホイールとサスペンションを破損。アシスタンスカーが到着するまで足止めとなったことで、ペテランセルは4番手まで後退することとなったのである。

　結局、「2位でゴールすると思っていたから意外なリザルトだった。でも、2001年に（ジャン-ルイ）シュレッサーに邪魔をされて優勝を逃していたから、そのご褒美と思った」と語るように、代わってトップに浮上した増岡がバタネン、ピエール・ラルティーグ、シュレッサーに続いて史上4人目、日本人としては初の大会2連覇を達成。この一戦は三菱で車体開発を担当してきた乙竹嘉彦にとっても思い出に残るイベントになったようで、「2003年は久しぶりのプロトタイプだったので大変でしたが、市販車改造でできなかったことにすべてチャレンジできたし、実際の性能も思った以上のレベルで2台が異次元の走りを見せてくれました。増岡選手の2連覇と結果にも繋がったのでやっぱり嬉しかった」と語る。さらにフォントネが2位、ミッショントラブルで15位に終わったビアシオンに代わってペテランセルが3位、三菱ストラーダ・スーパープロダクション仕様車を駆るカルロス・スーザが4位に着けたことで、三菱は

2003年ダカールラリー。ストラーダ・スーパープロダクション仕様車を駆るカルロス・スーザが4位入賞。三菱勢が1-2-3-4フィニッシュを達成した。

通算8勝目を1-2-3-4フィニッシュで飾った。

　そのほか、ディーゼルエンジン搭載のパジェロ・スーパープロダクション仕様車を駆るスペインのオフロードチャンピオン、ホセ-ルイス・モンテルドが総合10位でディーゼルクラス2位に着けるほか、同じくクレベール・コルバーグが総合13位、同クラス3位で完走し、アマチュアトロフィーを獲得。さらに二輪から四輪に転向した女性ドライバーのアンドレア・マイヤーも総合21位で同クラス4位を獲得するなど、26台中14台の三菱ユーザーが過酷なサバイバルラリーで完走を果たした。

2004年—ペテランセルが四輪部門で初優勝 三菱が通算9勝目を獲得

　2003年のダカールラリーで大会3連覇を達成し、通算8勝目を獲得するなどクロスカントリーラリーの名門として黄金期を迎えていた三菱は、2004年も最新スペックを備えたパジェロエボリューション・スーパープロダクション仕様車を開発。大会4連覇を果たすべく、前年型モデルに大規模な改良を施した2004年型モデルを投入した。

　2004年型モデルにおける最大の特徴がエンジ

2004年ダカールラリー。三菱はエンジン排気量を4.0Lに拡大した新型モデルを投入。二輪部門で前人未到の6勝の経験を持つステファン・ペテランセルが四輪部門で初優勝を獲得した。

ン排気量の変更だった。それまで3.5LだったV6エンジンを4.0Lの新開発ユニットに変更。前年と同様にφ32mmのリストリクターが装着され、最高出力は変わらずに270psに留まっていたが、出力特性と応答性が改善されたことで扱いやすさが向上したほか、3500rpmで発生する最大トルクも36.0kg-mから43.0kg-mへ増強されていた。

またシャーシ面においては前後のスタビライザーを油圧で連結する油圧式のアンチロールバーシステムを採用することで旋回時の安定性を高めたことも同モデルの特徴だった。この結果、2004年型モデルはクロスカントリーラリー競技用のパジェロながら、WRCのランサーに匹敵するほどの的確なハンドリングを得ていた。そのほか、ラジエータの形状やサイズの変更、エアダクトと配

管類のレイアウト変更を行い、フロントグリルもメッシュタイプにすることで冷却性能の向上が図られていた。サスペンションもスプリングレートを見直し、ショックアブソーバーの冷却性の向上を図るほか、ブレーキもディスクの大型化により剛性と耐フェード性が向上。さらに室内に関しても安全性を向上すべく、ロールゲージのウインドウとルーフ部を中心に補強したほか、乗員への衝撃を緩和する新開発のフォーム・サポート・シート・マウント・ブラケットも採用されていた。

このように2004年型モデルは徹底的なモディファイを受けたことによって、パフォーマンスが大きく向上。同モデルは2003年7月に行われたモロッコのテストを経て、同年10月、クロスカントリーラリー・ワールドカップの最終戦として開催

されたUAEデザートチャレンジに参戦しているの
だが、ステファン・ペテランセルが完璧な走りで
大会2連覇を達成していた。

　チーム体制の面ではジャン-ピエール・フォン
トネがチームを離脱したものの、「チームENEOS
三菱自動車モータースポーツ」から増岡浩とミキ・
ビアシオン、「チームATS 三菱自動車モータース
ポーツ」からペテランセルが2004年型のパジェロ
エボリューション・スーパープロダクション仕様車で
参戦するなど充実のラインナンプとなっていた。

　さらに「チーム三菱自動車モータースポーツ」
からクイックアシスタンス役として女性ドライ
バーのアドレア・マイヤーがパジェロ・スーパー
プロダクション仕様車でエントリー。同モデル
は2002年のダカールラリーでトップ4を独占し、
2003年の大会でも2位入賞を果たしたパジェロ・
スーパープロダクション仕様車の最新スペック
で、持ち前の信頼耐久性や走破性をそのままに細
部をアップデートすることによって、パフォーマ
ンスの向上が図られていた。

　2004年の第26回ダカールラリーはフランス中
部のオーベルニュ地方のクレルモン・フェランで
スタートを迎え、スペイン、モロッコ、モーリタ

ニア、マリ、ブルキナファソを経てセネガルのダ
カールにゴールするクラシカルなルートで開催さ
れた。スタートは1月1日で、12日にブルキナファ
ソのボボジウラッソに休息日を設定。ダカールの
ラックローズのゴールは18日で、総走行距離は
11,153km、SS距離は4,625kmで開催された。例年
よりもSS距離は短いものの、前半と後半にモーリ
タニアのティジクジャを通過するなど過酷な砂漠
が舞台で、エアメカニックが廃止されるなどタフ
なシチュエーションとなっていた。

　エントリー台数は四輪142台、二輪195台、ト
ラック63台の400台で、四輪部門には三菱のほ
か、日産、フォルクワーゲン、シュレッサー、
BMWなど強豪チームがエントリー。しかし、
2004年の大会においても三菱陣営がトップ争いを
支配し、大会4連覇に向けて序盤からラリーをリー
ドしていた。

　1月1日の第1レグは日産でピックアップを駆
る篠塚建次郎、2日の第2レグはシュレッサー・
フォードのジャン-ルイ・シュレッサーにトップを
譲るものの、3日の第3レグでペテランセルがトッ
プに浮上するなど、アフリカ上陸後はパジェロを
駆る三菱勢が本領を発揮していた。4日の第4レグ

2004年ダカールラリー。チームメイトのステファ
ン・ペテランセルと激しいトップ争いを展開してい
た増岡浩。しかし、第8レグで一瞬のミスによりギ
アボックスを破損。2位に惜敗することとなった。

ではペテランセル、ビアシオンが1-2体制を形成
し、5日の第5レグではパンクで後退したビアシ
オンに代わって増岡が2番手に浮上。さらに6日には
SSベストタイムをマークした増岡が総合首位に浮
上するなど、前大会と同様に増岡とペテランセル
が激しい一騎打ちでトップ争いを展開していた。
しかし、「アフリカに入ってからペテ（ペテランセ
ル）を逆転。トップに立ったので、これから徐々
にペテを引き離そうと思っていた時にシフトミス
をしてミッションを壊してしまった。何万回もあ
るシフトチェンジのなかで、エンジンの回転数が
合わなかったのはこの1回だけ。いつ、どんなこ
とがおきるのか分からないということを再認識さ
せられた」と語る増岡は8日の第8レグでギアボッ
クスを破損し、1時間30分のタイムロス。ペテラ
ンセル、BMWでX5を駆るグレゴリー・ド・メビウ
スに続いて3番手まで後退することとなった。
　翌9日の第9レグで大会3度目のSSベストをマー
クし、2番手に浮上するなど増岡は猛追するもの
の、安全上の理由から10日の第10レグと11日の第
11レグがキャンセルされ、そのまま12日にブルキ
ナファソのボボジウラッソに設定されていた休息
日に突入。追い上げのチャンスを失った増岡は首
位ペテランセルと1時間4分差の2番手で前半戦を

2004年ダカールラリー。ミキ・ビアシオンはラリー序盤で転倒。
リタイアに終わることとなった。

2004年ダカールラリー。女性ドライバーのアンドレア・マイヤー
がパジェロ・スーパープロダクション仕様車でエントリー。クイッ
クアシスタンス役として増岡浩のミッショントラブルに対応しなが
らも安定した走りで5位完走を果たした。

終えることとなった。
　16日の第15レグで大会4度目のトップタイムを
マークするなど、後半戦に入ってからも激しい追
走を披露した増岡だったが、実質5日間の行程で
は逆転に至らず、コンスタントな走りを披露した
ペテランセルが最後まで首位をキープ。「二輪だ
けでなく、四輪で優勝することが私の夢でした。
その夢を実現するために三菱に加入して、ついに
最高の結果を手にすることができました」と語る
ように、二輪部門で6度の優勝経験を持つペテラ
ンセルが四輪部門での初優勝を獲得し、ユベー
ル・オリオール以来、二輪部門と四輪部門の優勝
経験を持つウイナーに輝いた。わずか1回のシフ
トミスでミッションを破損し、トップ争いから後
退した増岡も49分差の2位で完走しており、大会4
連覇で通算9度目の総合優勝を獲得した三菱が1-2
フィニッシュを達成した。さらにパジェロ・スー
パープロダクションで参戦していたマイヤーも増
岡のミッショントラブル時にサポートを行うなど
クイックアシスタンス役としてチームに貢献しな
がら、終始安定した走りを披露。6日に転倒でリ
タイアしたビアシオンに代わって総合5位で完走

2004年ダカールラリー。二輪部門で豊富な実績を持つステファン・ペテランセルが四輪部門で初優勝。ユベール・オリオール以来、2人目の二輪部門と四輪部門で優勝経験を持つウイナーに輝いた。三菱は大会4連覇で通算9度目の総合優勝を獲得。

を果たした。

　そのほか、ダカールラリー初挑戦のナッサー・アルアティヤがパジェロ・スーパープロダクション仕様車を武器に総合10位で完走。三菱勢が上位10台中4台を占めることによって、パジェロの総合力の高さを証明した。

2005年─ペテランセルが2連覇
三菱が史上初の大会5連覇を達成

　27年にわたるダカールラリーの歴史において、四輪部門で5連覇を達成したチームはいなかった。そのため、大会4連覇中の三菱は史上初の偉業を達成すべく、2005年の大会に向けてイヤーモデルを開発。前年型モデルに改良を加えた2005年型のパジェロエボリューション・スーパープロダクション仕様車を投入していた。

　MPR11の開発コードで呼ばれていた同モデルは、全長をそのままにフロントオーバーハングを短縮したうえでホイールベースを50mm延長。さらにエンジンに関しても新設計の直立吸気ポートを備えたシリンダーヘッドを採用したほか、クランクシャフト、コンロッド、ピストンなど可動部品の軽量化でフリクションが低減されていた。そのほか、よりスムーズな砂丘越えを実現すべく、エキゾーストパイプ径を細くするなど低回転重視の出力特性に変更し、低速トルクの増強を図るなど、パワーユニット関連の改良は多岐にわたっていた。エンジンの搭載位置も前輪が前進したことで理想的なフロントミッドシップとなり、前後重

2005年ダカールラリー。風邪で体調を崩していたステファン・ペテランセルが第6レグより猛追を開始。第9レグでエンジントラブルに祟られるものの、逃げ切りを果たして大会2連覇を達成した。

量配分の最適化に貢献。さらにドライサンプ化によりクランクセンターを下げるなど低重心化を押し進めたことで、ハンドリング、コーナリング、ロードホールディングの全てで2004年型モデルを凌駕するマシンに仕上がっていた。

　2004年7月に行われた2週間におよぶモロッコでのテストで、セットアップを煮詰めた2005年型のMPR11は同年10月、クロスカントリーラリー・ワールドカップの第7戦として開催されたUAEデザートチャレンジに参戦し、ステファン・ペテランセルのドライブによりデビュー戦で抜群のパフォーマンスを披露していた。初日のデフトラブルでトップ争いから脱落、最終リザルトは9位に終わったが、2日目以降はSSでトップタイムを連発したことから、2005年のダカールラリーでの躍

2005年ダカールラリー。リュック・アルファンが安定した走りを披露。2位入賞を果たし、新型モデルを投入した三菱勢が1-2フィニッシュを達成した。

進が期待されていた。

　気になるチーム体制に関しても大幅な強化が図られていた。「三菱自動車レプソルATSスタジオ」より増岡浩、ペテランセルらダカールラリーの優勝実績を持つベテランのほか、元アルペンスキー

チャンピオンのリュック・アルファンが、2005年型のパジェロエボリューション・スーパープロダクション仕様車、MPR11でエントリー。さらに、2004年のダカールラリーで二輪部門を制したホアン・ナニ・ロマが信頼性の高い2004年型のMPR10で参戦した。そのほか、2004年の大会で総合5位入賞を果たしたアンドレア・マイヤーがクイックアシスタンス役としてピックアップトラックのL200スーパープロダクション仕様車でエントリーするなど、三菱陣営は盤石の布陣となっていた。

　2005年の第27回ダカールラリーはスペインの第2都市、バルセロナがスタート地となった。スペインがホスト国となるのは1995年、1996年、1999年に次いで今大会が4度目で、2004年12月31日のプロローグランを経て、2005年1月1日にバルセロナ市内のエスパーナ広場でセレモニアルスタートが開催。途中2箇所のSSを消化し、2日にジブラルタル海峡を渡ってモロッコからアフリカ大陸へ上陸、3日のラバトより本格的な競技が始まった。以降、前半戦はモーリタニアを中心に7つのステージが設定されており、9日にアタールに休息日を設定。15日にセネガルのダカールへ到着し、16日に最終SSとセレモニアルフィニッシュ

が行われるルート構成となっていた。総走行距離は9,039km、SS距離は4,913kmと比較的コンパクトな行程で、四輪166台、二輪233台、カミオン69台と計468台が集結し、序盤から脱落者が続出する激しいバトルが展開。そして、前人未到の大会5連覇に挑む三菱も苦しい立ち上がりを強いられていた。

　まず、最初につまずいたのが前大会のウイナーであるペテランセルだった。風邪で体調を崩しながらもスペインを舞台にした1月2日の第2レグで2番手タイム、アフリカでのオープニングステージとなる3日の第3レグでも2番手タイムをマークするなど、フォルクスワーゲンでトゥアレグを駆るロビー・ゴードンに続いて総合2番手に着けていたのだが、4日の第5レグで3本のタイヤがパンクして総合15番手に後退していた。さらに第1レグで2番手タイムをマークしながらも第4レグのパンクとミスコースで総合14番手に後退した増岡も、第5レグで道の窪みにダイブして右フロントのサスペンションを破損。アシスタンストラックのサービスを要したことで首位から約3時間遅れの総合110番手まで後退することとなった。

　このハプニングを尻目に1995年のWRCチャン

2005年ダカールラリー。2004年の大会で二輪部門を制したホアン・ナニ・ロマが四輪部門に参戦。2004年型モデルを武器に6位で完走を果たした。

2005年ダカールラリー。増岡浩は第4レグでパンクとミスコース、第5レグでサスペンションを破損して110番手まで後退。それでも第9レグでは総合6番手まで追走していたが、エンジントラブルでリタイアとなった。

ピオンであるコリン・マクレーおよびジニール・ドゥビリエらピックアップを駆る日産勢が1-2体制を形成。対する三菱勢の最上位はアルファンの総合3番手に甘んじていた。しかし、翌5日の第6レグから三菱の猛追がスタート。SS5でペテランセルがベストタイムを叩き出すと6日の第7レグも制し、総合順位でペテランセルが首位に浮上。7日の第8レグは悪天候の影響でステージがキャンセルとなり、前半戦を締め括る8日の第9レグではSSフィニッシュまで40kmの地点でエンジントラブルに見舞われて、ペースダウンを強いられるものの、ペテランセルがトップ、アルファンが20分差の2番手で前半戦をフィニッシュしていた。

　「いいピストンを見つけたので、耐久テストを実施して本番に投入したものの、見込みが甘くてトラブルが出てしまった。僕は日本にいたのですが、現地に日本からエンジニアが行っていたので、なんとか休息日に対応することができた」と語るのは、1984年から三菱でWRCおよびダカールラリーのエンジン開発を担ってきた幸田逸男だが、その言葉どおり、チームに帯同していた三菱の技術開発本部モータースポーツチームリーダーの中山修と休息日のサポートに駆け付けていたエ

2005年ダカールラリー。クイックアシスタンス役としてピックアップのL200スーパープロダクションカーでエントリーしていたアンドレア・マイヤー。第11レグでマシントラブルに祟られてリタイアとなった。

ンジニア、都築政隆がエンジントラブルに対応。調査の結果、ピストンに亀裂が入っていたことが判明したことから、後半戦は安全マージンを考慮したエンジンセッティングに変更するなど的確な対策が実施されていた。

　この対応が功を奏したのか、後半戦に入ってからも首位のペテランセルはコンスタントな走りを披露していた。クイックアシスタンスとしてサポート役に徹しながらも総合6番手まで浮上していた増岡は、休息日明けの10日の第10レグでエンジントラブルが発生。「ペテランセルと一緒でピストンにヒビが入っていた。あと5mm厚ければ

2005年ダカールラリー。ステファン・ペテランセルが大会2連覇を達成。三菱が大会史上初となる5連覇を果たし、通算10回目の総合優勝を獲得した。

もっていたかもしれないけれど、それだけエンジニアも限界ギリギリまで軽量化していたんだね」とのことで、増岡はそのままリタイアした。ペテランセルはSS9および13日の第13レグでトップタイムをマークするなど、じわじわと後続を引き離しながら首位をキープし、14日の第14レグからは余裕のクルージングを披露した。その結果、ペテランセルが大会2連覇、さらには三菱が大会史上初の5連覇を達成し、通算10勝目を獲得。「エンジンのトラブルで全車がリタイアしてもおかしくなかった状況で、なんとか最悪のケースを避けることができてよかった」とエンジンエンジニアの幸田は当時を振り返る。そして、安定した走りを披露したアルファンも自己最高位となる2位入賞を果たしたことで三菱勢が1-2フィニッシュを達成。さらに、二輪から四輪に転向したロマも6位に入賞した。

残念ながら総合14番手で前半戦を終えていたマイヤーは、11日の第11レグでメカニカルトラブルに祟られてリタイアすることとなったが、クレベール・コルバーグが総合16位、ドミニク・ウズィオが総合55位、クリストフ・ホロウチェックが総合60位で完走を果たすなど、ラリーアートが

サポートするプライベーターも過酷なラリーを攻略。パジェロを武器に完走率46%の同大会を走破してみせた。

2006年―アルファンが初優勝
三菱が6連覇で通算11勝目を獲得

三菱は、パジェロを武器にダカールラリーを頂点とするクロスカントリーラリーで活躍する一方で、WRCを頂点とするスプリントラリーにおいてもランサーで活躍してきたが、2005年12月、経営再建の渦中にあったため基盤強化を図るべく、2005年を最後にWRCでのワークス活動を休止した。

この決断は三菱にとってもファンにとっても辛いニュースとなったが、大会5連覇中のダカールラリーに関しては参戦継続を決定した。連勝記録の更新を狙う三菱は2006年の大会に向けてパジェロエボリューション・スーパープロダクション仕様車のイヤーモデルを開発しており、大会6連覇を果たすべく2006年型モデルのMPR12を投入した。

MPR12は2005年型モデルのMPR11を改良した正常進化モデルで、徹底的にマシンを熟成。その最大のポイントがエンジンだった。砂丘など路面

2006年ダカールラリー。2005年を最後にWRCでのワークス活動を休止した三菱は、ダカールラリーにモータースポーツ活動を集約した。「MPR12」の開発コードを持つイヤーモデルを開発。4台体制で参戦した。

抵抗の大きな区間でアドバンテージを稼ぐべく、吸排気管長とカムタイミングの最適化を図ることによって低中速回転域でのトルク特性を改善。さらに前大会で発生したトラブルの対策の一環としてピストン、コンロッド、クランクシャフトの形状を見直すなど耐久性の向上も図られていた。

そのほか、エンジンの出力特性の向上に合わせてデフの減速機構を2段とすることで各ギアにかかる負担を低減させたほか、トルクリミッターを可変容量化することでトラクション性能を損なうことなく、衝撃の入力を効果的に遮断するなど駆動系の耐久性向上にも余念がなかった。さらにトランスミッションとフロントデフのオイルクーラーを水冷化することで冷却性能の向上を図るなど、その改良は細部にわたっていた。

サスペンションに関しても、細部の熟成を図ることで路面状況への対応力と走破性が向上していた。具体的にはサスペンションアームのレイアウトを見直すことによって、作動性の改善とオーバーヒート対策を図るほか、ダンパーの衝撃吸収性を向上させることで悪路での走破性が向上。さらにレギュレーションで禁止された油圧式のスタビライザーに代わって、前後スタビライザーにオン・オフの選択機構を新設し、路面状況に応じた設定が可能となるようにして、適応力が大幅にアップするなど、MPR12は徹底的なモディファイを重ねることによってパフォーマンスが向上していた。

実際にMPR12は開発段階から素晴らしい走りを披露していた。チームは2005年8月末から9月初旬にかけてモロッコで2週間のテストを行い、トータルで6,000kmの距離を走り込み、FIA（国際自動車連盟）のインターナショナルカップ・クロス

カントリーバハシリーズの第5戦として10月にポルトガルで争われていたバハ・アンタ・ダ・セラ500に増岡浩が参戦したことでセットアップが熟成したのだろう。11月7日〜14日にクロスカントリーラリー・ワールドカップの第6戦として開催されたUAEデザートチャレンジではステファン・ペテランセルが自身3勝目、三菱としては大会4連覇を達成することで2006年型モデルとなるMPR12の実力に手応えを掴んでいた。

もちろん、チーム体制も充実しており、三菱ワークスの「チーム・レプソル三菱ラリーアート」より計4台のMPR12がエントリー。ドライバーの顔ぶれも豪華なラインナップで、2002年、2003年と2連覇を果たしている増岡、2004年、2005年と連覇を飾ったペテランセルら優勝実績のある両エースを軸として、元スキーダウンヒル世界チャンピオンのリュック・アルファン、2004年のダカールラリーで二輪部門を制したホアン・ナニ・ロマを起用するなど盤石の布陣となっていた。

2006年の第28回ダカールラリーは大会史上で初めてポルトガルの首都、リスボンがスタート地に選ばれ、ダカールのゴールを目指して開催された。スタート日は2005年の12月31日で、ポルトガルに設定されている2本のSSを経て1月1日の夜半にスペインのマラガから乗船し、2日のモロッコからアフリカステージがスタート。その後はモロッコを南下し、西サハラ地域をかすめてモーリタニアへと入り、8日、ヌアクショットに休息日が設定された。後半戦はモーリタニアを南下してマリを通過し、1996年以来の入国となるギニアを経て最終通過国となるセネガルへと入り、15日にダカール近郊のラックローズでゴールを迎えるという行程だった。走行距離は9,043km、SS距離

は4,813kmとコンパクトな大会だったが、GPSの
ポイント表記が大幅に制限され、高度なナビゲー
ション能力が要求される冒険要素の強いラリーと
なっていた。

　この2006年の大会で幸先の良いスタートを切っ
たのが、1990年および1992年のWRCチャンピオ
ン、カルロス・サインツを筆頭に、1993年のダ
カールラリーを制したブルーノ・サビー、同じく
2001年のダカールラリー王者、ユタ・クライン
シュミットなど5台体制で初優勝を狙うフォルク
スワーゲンだった。主力モデルは圧倒的なトルク
を誇るディーゼルターボエンジン搭載のレース
トゥアレグで、12月31日のSS1および1月1日のSS2
でサインツがベストタイムをマーク。ヨーロッパ
ステージを制してラリーをリードしていた。しか
し、2日にアフリカステージが開幕すると三菱も
本領発揮。第2レグで2番手に着けていたロマが第
3レグで首位に浮上するほか、SS1のパンクで総合
13番手に出遅れた増岡もわずか6秒差の2番手に
ジャンプアップするなど、早くも三菱勢が1-2体制
を形成していた。

　こうして得意とするアフリカでリズムを取り戻
し、主導権を握る三菱陣営だったが、翌3日の第
4レグで予想外のハプニングに見舞われた。「砂
漠を交差する舗装道路を横切っている時に、急
にナビゲーターが"GPSがおかしい"って言い出
した。そこは水路があるスリーコーション（最高
の危険度を示す）で、それをきちんと把握できず
に、160km/hのスピードで穴に落ちてしまった」
と語るように、自身3度目の勝利を狙っていた増
岡がSS4で転倒。幸いクルーに怪我はなく、なん
とか同SSを走りきるものの、ロールゲージまでダ
メージを受けており、増岡は2年連続でリタイア

2006年ダカールラリー。第3レグで2番手に浮上した増岡浩。し
かし、第4レグでGPSの不調から大転倒を喫し、2年連続でリタイ
アすることとなった。

することとなったのである。

　このハプニングを尻目にトップに立ったのが
同SSを制したサインツで、チームメイトのサビー
が2番手、クラインシュミットが3番手に浮上す
るなどフォルクスワーゲンがトップ3を独占して
いた。対する三菱勢は前走車の土煙で9番手に出
遅れていたアルファンが4番手に浮上したが、前
日首位のロマがミスコースとパンクで9番手に後
退、3連勝を狙うペテランセルもミスコースを喫
し、総合11番手で第4レグをフィニッシュしてい
た。その後もフォルクスワーゲン勢がラリーを
リードするものの、6日、舞台がモーリタニアの砂
丘ステージに移されると三菱勢が躍進。コンスタ
ントな走りを披露するアルファンが第7レグで首
位に、SS5に続いてSS7で大会2本目のSSベストを
マークしたペテランセルが首位アルファンと約4
分差の2番手で第7レグをフィニッシュした。さら
に前半戦を締め括る翌7日の第8レグでは、スタッ
クを喫したアルファンに代わってペテランセルが
首位に浮上。アルファンがわずか32秒差の2番手
に着けるなど、三菱勢が1-2体制で前半戦を消化
した。

　三菱勢の勢いは後半戦に入っても衰えること

2006年ダカールラリー。2004年のダカールラリーで二輪部門を制したホアン・ナニ・ロマが3位に入賞。

2006年ダカールラリー。中盤戦で首位に浮上したステファン・ペテランセルは自身3連勝に向けて後半戦も主導権を握っていたのだが、第12レグでサスペンションと駆動系を破損。4位に後退することとなった。

なく、SS9でペテランセルがベストタイム、アルファンが2番手タイムをマークするなど、9日の第9レグでも三菱勢がリードを拡大した。さらに第11レグではミスコースを演じながらもペテランセルが首位をキープ、アルファンも2番手に続いた。首位のペテランセルは2番手のアルファンに対して約25分のマージンを築き、このままペテランセルが大会3連覇に向けて逃げ切るかのように思われていたのだが、マリのバマコからギニアのラベへ向かう12日の第12レグでまたしても不測の事態が発生した。SS12のスタートから278km、フィニッシュまで90kmの地点でペテランセルがコース脇の立木にヒットして左リヤサスペンションと駆動系を破損。マシンを修復して再出走するものの、トップから2時間50分のビハインドとなる総合4番手まで後退した。

代わってトップに立ったのはSS12を制したチームメイトのアルファンで、フォルクスワーゲンのジニール・ドゥビリエがわずか20分差の2番手に浮上した。しかし、アルファンは13日の第13レグに設定されていたSS13でベストタイムをマークすると、14日の第14レグからは余裕のクルージング

でポジションをキープ。結局、チュニジアラリーやバハ・アンタ・ダ・セラ500で総合優勝するなど、2005年のクロスカントリーラリーで活躍していたアルファンがダカールラリーで初優勝。三菱が大会6連勝で通算11勝目を獲得した。

そのほか、四輪部門で2度目の挑戦を果たしたロマが殊勲の3位入賞、第12レグでトップ争いから脱落したペテランセルも4位で完走した。2006年の大会も総勢475台のエントリーに対し、ダカールに到着したのは194台で、完走率も40.8%と例年を下回る厳しいラリーだったが、三菱ワークスは3台がトップ5に食い込むなど、パジェロエ

2006年ダカールラリー。元スキーダウンヒル競技の世界チャンピオン、リュック・アルファン。2005年にはチュニジアラリーなど世界クロスカントリーラリーで活躍していたが、ついにダカールで初優勝。三菱は大会6連覇、通算11度目の総合優勝を獲得した。

2006年ダカールラリー。フォルクスワーゲンと激しいバトルを展開した三菱。アフリカの砂丘ステージに入ると三菱勢が本領を発揮。最後まで安定したリュック・アルファンが初優勝を獲得した。

ボリューションで躍進した。

2007年―ペテランセルが3勝目 三菱が7連覇で通算12勝目を獲得

　1983年の第5回大会以来、ダカールラリーへの参戦を続けてきた三菱にとって、2007年の大会は参戦25回目のメモリアルイベント。ダカールラリーでの7連覇、通算12勝目をターゲットに三菱はパジェロエボリューション・スーパープロダクション仕様車のイヤーモデルを開発していた。

　2007年型モデルとなるMPR13は2003年にパジェロエボリューション・スーパープロダクション仕様車がデビューして以来、初のフルモデルチェンジとなるマシンで、著しい進化を遂げているライバル車両に対抗すべく、2005年5月に開発

がスタート。トータルバランスの向上をテーマに新しい技術とアイデアが注ぎ込まれていた。

　2003年の初代パジェロエボリューション、MPR10をベースにマイナーチェンジを重ねてきたこれまでのスーパープロダクション仕様車と違って、2007年型のMPR13は従来のサブフレーム構造

2007年ダカールラリー。三菱はパジェロエボリューション・スーパープロダクション仕様車のフルモデルチェンジを実施。マルチチューブラーフレームを持つMPR13を投入した。

を廃し、車体の軽量化および高剛性化を目指して一体構造による完全新設計のマルチチューブラーフレームを採用していた。これに合わせて燃料タンクおよびスペアタイヤの搭載位置を低下させた。スペアタイヤの搭載方式も変更され、車両後部に4本を縦置きしていた従来のスタイルから、うち1本を車両中央に水平搭載することで低重心化、慣性マスの集中化を図るとともに前後重量バランスを向上。さらにトレッドの拡大により高速安定性が向上、ジオメトリーの最適化、スプリングレートやダンパーの減衰特性の改良など、サスペンションの一新で走行性能が向上したことも同モデルの特徴となっていた。

パワーユニットとなる4.0LのV6エンジンも動弁系部品の軽量化およびフリクションの低減を図ることでスロットルレスポンス、ドライバビリティが向上したほか、燃料噴射制御の精度向上と最適化で瞬間トルクの安定化、ドライサンプ用オイルタンクをベルハウジング内に配置したことで低重心化を実現するなど、細部の改良に余念がない。

そのほか、前面投影面積の縮小によりCd値で約5%の向上を実現するなど空力性能の進化を図るほか、冷却器への空気流の導入で冷却性能の向上を図るなど、ボディに関しても風洞実験で理想のフォルムが追求されていた。これと同時に室内空間が拡大されたことで快適性が向上。さらに、燃料タンクの床下配置によりドア開口部の位置が上がったことで、Aピラーを支点とするガルウイング式のドアを採用するなど、よりレーシングイメージの強いマシンに仕上がっていた。

この2007年型のMPR13は2006年5月に1号車のシェイクダウンを行い、6月末から7月上旬にモロッコで本格的なテストを実施。さらに、9月に再びモロッコでテストを実施するなど通算で10,000km以上の走り込みを行ったことで、セッティングが進んでいたのだろう。同モデルは2006年11月にクロスカントリーラリー・ワールドカップの第7戦として開催されたUAEデザートチャレンジで実戦デビューを果たすと、第3レグのSS3でベストタイムをマークするなど、ステファン・ペテランセルが好タイムを連発していた。残念ながらラリー序盤で砂丘に乗り上げフロントセクションを破損、第1レグで9番手に出遅れていたことから最終的に2位に終わったが、三菱陣営はこの一戦で同モデルのパフォーマンスに手応えを掴んでいたに違いない。

2007年ダカールラリー。同大会でも三菱はフォルクスワーゲンと一騎討ちを展開。前半戦はフォルクスワーゲンのリードを許すものの、後半戦ではステファン・ペテランセルが抜け出し、自身3勝目を獲得した。

チーム体制は2006年と同様に「チーム・レプソル三菱ラリーアート」から増岡浩、ペテランセル、リュック・アルファン、ホアン・ナニ・ロマという布陣で4台のMPR13を投入。なお、それまでロマのナビゲーターはアンリ・マーニュが務めていたのだが、2006年5月にクロスカントリーラリー・ワールドカップ第4戦として開催されたモロッコラリーでロマがコンクリートフォールに激突し、その際にマーニュが他界したことから、ルーカス・クルス・センラとコンビを組み、ダカールラリーにチャレンジした。

2007年の第29回ダカールラリーは前大会と同様にポルトガルのリスボンを1月6日にスタート。その後はスペインを通過し、アフリカ大陸の上陸後はモロッコ、モーリタニア、マリを経て21日にセネガルの首都、ダカールでゴールを迎えるというルートが設定されていた。中間休息日は13日にモーリタニアのアタールに設定されるなど前大会を踏襲する行程だったが、16日〜17日に計画されていたモーリタニアとマリを往復するルートが治安問題から12月中旬になってキャンセルが決定。そのため、16日はモーリタニアのネマを起点とするループコースとし、17日はモーリタニアのアユン・エル・アトラスに新たにビバークを設定したうえで、リエゾンとしてネマから移動する行程に変更されることとなった。この結果、同ラリーの総走行距離は7,915kmと初めて8,000km台を割り込むこととなったが、4,339kmのSSが設定され、GPSの使用制限やメカニックのサービスを得られないマラソンステージが増加するなど、例年以上にスピードのみならず、ナビゲーション能力やマシンの耐久性が求められる大会となった。

同大会のエントリー台数は四輪部門185台、二輪部門が247台、トラックが85台と計517台が集結するなか、前大会と同様にパジェロを要する三菱とレーストゥアレグの最新スペックで挑むフォルクスワーゲンがトップ争いを展開していた。その一騎打ちで主導権を握っていたのが、フォルクスワーゲンだった。6日のSS1を制したのはカルロス・スーザで、7日のSS2ではチームメイトのカルロス・サインツがトップタイムを叩き出すなど、フォルクスワーゲンがヨーロッパステージを制覇。さらにアフリカステージに入ってからもフォルクスワーゲンの勢いは衰えず、8日のSS3でジニール・ドゥビリエ、10日のSS5でサインツ、12日のSS7でドゥビリエがベストタイムを叩き出すなどSSウインを重ねていった。

これに対して三菱勢はヨーロッパステージで最上位の4番手に着けていたロマが8日のSS3でパンクを喫し、7番手まで後退し、4番手に浮上したペテランセルも9日のSS4でスタックを喫し9番手に後退するなど苦戦を強いられていた。第4レグを5番手で終えていた増岡も10日のSS5でパンク、11日のSS6でクラッチトラブルに祟られたことで大きく後退。その結果、ドゥビリエ、サインツのフォルクスワーゲンに続いて、ペテランセルが首

2007年ダカールラリー。後半戦はステファン・ペテランセルVSリュック・アルファンの一騎打ちが展開。終盤でペテランセルがリードを拡大したものの、アルファンが2位で完走を果たし、三菱が1-2フィニッシュとなった。

2007年ダカールラリー。2度のクラッチトラブルでトップ争いから脱落した増岡浩。しかし、粘りの追走で5位完走を果たす。

2007年ダカールラリー。パンクなど度重なるハプニングにより序盤で出遅れたホアン・ナニ・ロマ。チームプレイでサポート役に徹しながらも13位で完走した。

位から24分差の3番手、アルファンが同33分差の4番手、増岡が同1時間11分差の5番手、第7レグで横転したロマが同6時間56分差の23番手で前半戦を終えることとなった。

このように三菱勢にとって、2007年のダカールラリーは苦しい立ち上がりとなったが、13日のア

タールでの休息日を経て後半戦が始まると様相は一変、三菱勢が猛威を発揮してきた。折り返しとなる14日の第8レグは大会最長となる589kmのSS8が設定されていたのだが、同SSで2番手に着けていたサインツがスタックを喫し、首位から1時間5分遅れの4番手に後退。代わってペテランセルが2

2007年ダカールラリー。ペテランセルが自身3勝目を獲得。三菱は参戦25回目のメモリアルイベントで大会7連覇、通算12回目の総合優勝を獲得した。

番手、アルファンが3番手に浮上した。

　さらに第8レグはアシスタンス部隊が不在のマラソンステージとなっていたことが影響したのだろう。翌15日のSS9で首位のドゥビリエがエンジントラブルでストップしたことから、ペテランセルがトップに浮上し、アルファンがわずか7分50秒差の2番手で第9レグをフィニッシュした。シュレッサー・フォードで3番手に着けているジャン-ルイ・シュレッサーは、すでにトップから1時間25分も遅れていたことから、トップ争いは完全にペテランセルVSアルファンの一騎打ちで展開されることとなったのである。

　ペテランセルとアルファンはその後も激しいトップ争いを展開したが、両者のギャップはレグを重ねるごとに開き、そのままの順位でダカールに到着。結局、ペテランセルが自身3勝目を獲

得したほか、三菱が大会7連覇、通算12回目の勝利を獲得した。アルファンが2位に着けたことで三菱は参戦25年目のメモリアルイベントで1-2フィニッシュを達成。さらに11日の第6レグに続いて、14日の第8レグでもクラッチトラブルに祟られていた増岡も5位までジャンプアップしたか、チームプレイでサポート役に徹していたロマも総合13位に着けるなど、三菱ワークスのパジェロエボリューションは4台揃って完走を果たした。

2008年─パジェロでのラストラン
中止となった30回目の祭典

　2007年型モデル、MPR13を武器にダカールラリーを制した三菱は同年のクロスカントリーラリー・ワールドカップおいても躍進。8月27日～9

2008年ダカールラリー。レギュレーションの変更に合わせて三菱はMPR13を改良。第30回の記念イベントに三菱は4台体制で参戦する予定となっていた。

月5日に南米大陸を舞台に争われた第3戦のポー・ラス・パンパスラリーでリュック・アルファンが総合優勝を獲得するなど圧倒的なパフォーマンスを披露していた。それと同時に2008年のダカールラリーはレギュレーションが変更されることから、MPR13も規定に合わせた仕様変更が実施されていた。

まず、エンジンのリストリクター径が32mmから31mmに縮小されたため吸排気系とのマッチングを改めて実施。さらにトランスミッションのギア数が6速から5速に制限されたことから、ギア比の最適化を図るなど規則変更に対応していた。また、前大会でトラブルが頻発していたクラッチも容量の増大で耐久性を高めるほか、7月にはモロッコで3週間のテストを実施し、7,600kmの走り込みでサスペンションの熟成を図るなど細部まで改良されていた。その結果、2008年型のMPR13は操縦安定性、走破性のほか、乗り心地もさらに向上していた。リストリクター径の縮小により、最高出力が270psから255ps、最大トルクが42.5kg-mから42.0kg-mへ低下してはいたが、ハンドリング性能を引き上げることによって余りある進化を果たしていた。

事実、同モデルはダカールラリーの前哨戦として2007年10月27日から11月2日に開催されたクロスカントリーラリー・ワールドカップ第5戦のUAEデザートチャレンジでも猛威を発揮していた。ステファン・ペテランセルが最新モデル、レーストゥアレグ2で挑むフォルクスワーゲン勢を抑えて総合優勝を獲得し、三菱が大会6連覇を達成。さらにチーム体制も前大会と同様に4台で、ドライバーの顔ぶれも「チーム・レプソル三菱ラリーアート」より増岡浩、ペテランセル、ア

ルファン、ホアン・ナニ・ロマと経験豊富なメンバーが顔を揃えていたことから、2008年のダカールラリーでも大会8連覇、通算13勝目の記録更新が期待されていた。

第30回の節目となる2008年のダカールラリーは1月5日にポルトガルのリスボンをスタート。その後はスペインを経て7日の未明にモロッコからアフリカに上陸し、モーリタニアを経由して20日にセネガルの首都、ダカール近郊にある塩湖、ラックローズでゴールを迎える構成となっていた。総走行距離9,273km、SS距離5,736kmで、治安の関係からマリを通過せず、モーリタニアのステージを増やしたことが同大会のポイント。中間休息日は13日にモーリタニアのヌアクショットに設定されていたが、アシスタンス部隊が不在のビバークがモーリタニアの2箇所に設けられていたことから、2008年の大会も過酷なラリーとなることが予想されていた。

2008年の大会には四輪が205台、二輪が245台、バギーが20台、トラックが100台と総勢570台がエントリー。新年を迎えたスタート地のリスボンはメモリアルイベントの開幕にむけてにわかに活気づいていた。4台のMPR13を投入する三菱勢

2008年ダカールラリー。車検会場で記念撮影を行う三菱のチームメンバーたち。しかし、パジェロで挑むラストイベントの同大会は、通過国であるモーリタニアの治安悪化を理由に中止されることとなった。

2008年ダカールラリー。8連覇、通算13勝目に向けて着実に
2008年型モデルの開発を行ってきた三菱。前人未到の目標は
2009年大会に持ち越されることとなった。写真はシェイクダウン
を行うホアン・ナニ・ロマ。

2008年ダカールラリー。増岡浩もシェイクダウンから素晴らしい
走りを披露。2008年型モデルに好感触を掴んでいただけに、中止
のアナウンスはチームにとっても増岡にとっても衝撃的だった。

もその瞬間を心待ちにしていたのだが、スタート
前日の1月4日、予想外のアナウンスが各チームに
告げられた。通過国であるモーリタニアの治安が
悪化したことにより、大会を主催するASO（アモ
リー・スポーツ・オーガニゼーション）は競技の
安全が確保できないと判断。フランス政府からの
要請に従い大会の中止を発表したのである。

　2007年11月末のダカールラリー参戦発表会に
おいて、2009年の大会にはパジェロとは異なる
ディーゼルエンジン搭載の新型車の投入を発表し
ていただけに、三菱にとって2008年のダカールラ
リーはパジェロで挑む最後の大会となっていた。
それだけに大会8連覇、通算13勝目でパジェロの
有終の美を飾ることが目標になっていたのだが、
その目標は予想外の結末で幕を閉じた。

　こうして2008年のダカールラリーはスタートを
切ることなく中止に終わったが、ASOはダカール
ラリーの代替イベントとして4月20日〜26日、ハ
ンガリーおよびルーマニアを舞台にしたセントラ
ルヨーロッパラリーの開催を発表した。さらに時
を待たずして2009年のダカールラリーを南米大陸
で開催することを発表。こうして1979年からアフ

リカ大陸を主戦場に争われてきた冒険ラリーは南
米大陸へ舞台と移して開催されることとなった。

2009年—ディーゼルエンジン搭載の
レーシングランサーを投入

　第30回目のダカールラリーは中止に終わるもの
の、三菱は2008年もクロスカントリーラリーでの
活動を継続していた。4月20日〜26日のダカール
ラリーの代替イベント、そして新設のダカールシ
リーズの開幕戦としてハンガリーおよびルーマニ
アで開催されたセントラルヨーロッパラリーに参
戦しており、従来どおり、ガソリンの4000ccV6自
然吸気エンジンを搭載した3台のMPR13を投入。
さらに2009年のダカールラリーにはディーゼル
エンジン搭載の新型競技車両での参戦を発表して
いたことから、エンジン開発の先行テストが目的
になっていたのだろう。三菱は同ラリーにパジェ
ロエボリューション・スーパープロダクション仕
様車の最終スペックとして、新開発の3000ccV6
ディーゼルターボエンジンを搭載したMPR14も投
入していた。

2009年ダカールラリー。三菱はディーゼルエンジン搭載の新型モデル、レーシングランサーに主力モデルをスイッチした。写真はテスト走行。

同エンジンはガソリン直噴エンジン、GDIの技術を応用した低圧縮、高過給のクリーンディーゼルで、開発を担った幸田逸男が「パリダカのなかでも一番の冒険だった」と語るように技術的にも大きなチャレンジとなっていた。しかし、そのパフォーマンスは高く、テストドライバーとして開発に加わっていた増岡浩によれば「パワーバンドがガソリンとディーゼルはまったく違う。ディーゼルは2000回転から4500回転の間にしておけばアクセルのオン、オフやブレーキのコントロールで走れるからシフト回数もガソリン車の半分ぐらいで良かった」と語る。当然、パーツに対するストレスも少なく、耐久性に好影響を与えるなど、このディーゼルエンジンの搭載は車体に対しても様々なメリットをもたらしていた。

デビュー戦となったセントラルヨーロッパラ

リーは、増岡がディーゼルエンジン搭載のMPR14で参戦。サスペンションの熟成不足が否めず、第1レグ、第2レグともに10番手でフィニッシュ。さらにSS3でパンクに見舞われるほか、後続車がタイヤ交換作業中のナビゲーターと接触、増岡のパートナーであるパスカル・メモンが左足首を骨折してしまい、同SSをフィニッシュした時点でリタイアとなった。

とはいえ、5月21日〜25日にクロスカントリー・ワールドカップ第2戦としてポルトガルおよびスペインを舞台に開催されたトランスイベリコラリーではMPR14を駆るホアン・ナニ・ロマが第3レグまでラリーを支配。こちらも残念ながら第4レグでステアリングのトラブルに祟られて、総合20位に終わるものの、ロマが計3本のSSでベストタイムをマークするなどそのパフォーマンスを証

明した。

一方、熟成を極めたガソリンエンジン搭載モデル、MPR13も各イベントで猛威を発揮していた。リュック・アルファンがセントラルヨーロッパラリーで2位、トランスイベリコラリーで優勝、インターナショナルカップ・クロスカントリーバハの第3戦として7月17〜20日にスペインで開催されたバハ・スペインではロマが2位に入賞していた。さらに9月10日〜14日にポルトガルで開催されたダカールシリーズの第2戦、パックスラリーがパジェロエボリューションの最後の実戦となったが、ステファン・ペテランセルがMPR13を武器に総合優勝を獲得。2003年にデビューして以来、クロスカントリーラリーの最前線で活躍してきたパジェロエボリューションはダカールラリーの7連覇を含めて国際イベントで合計20勝を獲得し、ラリー競技での活動に終止符を打った。

そして、2008年10月30日から11月2日にポルトガルで開催されたクロスカントリーバハ・インターナショナル第6戦のバハ・ポルトガルで、ついにパジェロに代わる新型競技車両が登場した。そのマシンが2007年8月から開発が進められてきたレーシングランサーだった。

これまで三菱はパジェロのPRならびにエンジンや4WDシステムなどの技術開発を目的にダカールラリーでの活動を行ってきたが、2009年以降のクロスカントリー競技よりディーゼルエンジンの技術開発が主眼になり、主力モデルもパジェロからディーゼルエンジンを搭載した世界戦略車であるランサー・スポーツバック（日本名：ギャラン・フォルティス・スポーツバック）にスイッチ。とはいえ、同モデルもスーパープロダクション規定で開発された競技専用モデルとなっていたことか

2009年ダカールラリー。高速化を進むダカールラリーに対応すべく、三菱は空力性能の高いランサー・スポーツバックをベースにエクステリアを開発していた。写真はテスト走行。

ら、その名のとおり、ランサーのスタイリングを持つ完全なレーシングカーに仕上がっていた。

パジェロエボリューションの最終スペック、MPR14で培った技術をフィードバックしながらも、新設計のスチール製一体構造マルチチューブラーフレームを採用することで大幅な軽量化を実現したことがレーシングランサーの特徴で、燃料タンクの搭載位置を低下させることで低重心化を追求していた。さらにエンジンの出力も確保しながら低燃費化することで、燃料タンクの容量を減少することができ、軽量化にも貢献していた。スペアタイヤの搭載位置もMPR14より前方にレイアウトすることで慣性モーメントを抑制し、ハンドリング性能が向上。そのほか、クロスカントリーラリーの高速化に対応するために、ボディパネルを空力性能の高いランサー・スポーツバックをベースにスタイリングを煮詰めたことも同モデルの特徴だった。

エンジンは2006年4月より開発が進められてきた3.0L V型6気筒ディーゼルターボで、全域で高出力を発揮する2ステージターボシステムを採用。これはエンジンの両側のバンクそれぞれに大型と小型のタービンを備え、回転数と負荷に応じて

大小のタービンを協調させるシステムで、最高出力は280ps、最大トルクも66.3kg-mというハイスペックを実現していた。インタークーラー用のラジエータは車体後方に配置し、これに冷却風を導入するエアスクープをルーフ部に装着。トランスミッションは強力なトルクに耐えられるようリカルド社製の5速シーケンシャルが採用されており、ディファレンシャルも2段減速機構からシンプルな1段減速機構として、ハウジングをアルミ製からスチール製にすることで剛性を高めるなど、パジェロエボリューションで培った差動制限装置付きセンターデフ式フルタイム4WDを継承しながらも、ニューマシンならではの改良が図られていた。

サスペンションは前後ともにパジェロエボリューションで培った独立懸架ダブルウィッシュボーン式コイルスプリングを踏襲しつつ、ジオメトリーを大幅に変更。同時にBOS社製ダンパーも調整範囲を拡大することでハンドリング性能が大幅に向上していた。

同モデルは2007年8月に車体の開発が進められ、2008年6月に1号車が完成。フランスでのシェイクダウンを経て、スペインおよびモロッコで各1週間のテストが実施された。さらに8月下旬から9月下旬、10月中旬から下旬にかけてモロッコで約2週間のテストを行うなど、短期間ながら集中的にテストを行うことで完成度も高くなっていた。事実、デビュー戦となったバハ・ポルトガルでもペテランセルのドライビングにより抜群のパフォーマンスを披露している。ゴール手前でコース脇の柵に接触したことから第1レグは7番手に出遅れるものの、SS2、SS3を制して第2レグでトッ

2009年ダカールラリー。第31回大会はアフリカを離れ、南米大陸を舞台に開催。レーシングランサーの3.0L V型6気筒ディーゼルターボエンジンはパワーバンドが広く、南米のハードグラベルとの相性は高かったようだが、トラブルが続出した。写真はテスト走行。

プに浮上し、第3レグでは余裕のクルージングでポジションをキープ。こうして注目のニューマシン、レーシングランサーはデビューウインを獲得することによって戦闘力の高さを証明していた。

チーム体制に関しても増岡、ペテランセル、アルファン、ロマといったように実力と経験を併せ持つトップドライバーが勢揃い。それだけに、2009年のダカールラリーでは三菱勢の通算13勝目の勝利が期待されていたのだが、苦しい戦いを強いられることとなった。

2009年の第31回ダカールラリーは競技のメインステージをアフリカ大陸から南米大陸に移して開催された。1月3日にアルゼンチンの首都、ブエノスアイレスをスタートし、同国を南下後、大西洋沿岸の観光地として知られるブエルト・マドゥリンで折り返して西方へと向かい、アンデス山脈を越えてチリに入国。チリ入国後は同国を北上し、10日に太平洋沿岸の港町、バルパライソに休息日が設定されていた。後半戦はチリを北上後、アタカマ砂漠を越えて東方へ向かい、再びアルゼンチンへ入国。同国を南下しながら第2の都市、コルドバを経由して18日にブエノスアイレスでゴールするという構成だった。総走行距離は9,574km、うちSS距離は5,652km。SSの9割以上がハードなグラベルとなっていて、序盤から脱落者が続出するサバイバルラリーが展開。そして、その激しいラリーで最初に脱落したのが、自身3勝目のダカールラリー制覇を狙う増岡だった。

「エンジンのパワーバンドも広がったし、クルマも軽かった。それにサスペンションも良かったのだけれど、初日の1本目のSSをスタートして200kmぐらいでエンジンブロー。クランクプーリーをとめているボルトが緩んで、タイミングベルトのギ

アがとんでしまった」と増岡が語るように、3日のSS1でエンジントラブルが発生。カミオンの救援でビバークに到着し、リペア作業を行うものの、マシンの修復を果たせずにリタイアした。

これに対して好調なスタートを切ったのが、BMWのナッサー・アルアティヤでX3を武器にSS1を制覇。以下、カルロス・サインツが2番手、ジニール・ドゥビリエが3番手、マーク・ミラーが4番手とレーストゥレグ2を駆るフォルクスワーゲンが続いた。

一方、三菱勢の最上位は5番手のアルファンで、ペテランセルが6番手、ロマが8番手で第1レグをフィニッシュ。

翌4日のレグ2では大会最長のSS2で2番手タイムをマークしたペテランセルが総合3番手に浮上するものの、5日のレグ3では総合4番手に後退。レグ2で6番手に着けていたアルファンがパンクと燃料系のトラブルで10番手に後退するなど苦戦が続いた。

その後も7日のSS5でペテランセルがキャメルクラスにヒットしてラジエータを破損、サービスカーの牽引によるペナルティで総合6番手に後退した。翌8日の第6レグでは8番手まで追い上げていたアルファンもスタック。さらに長時間の脱出作業にあたっていたナビゲーターのジル・ピカールが体調不良となり途中棄権を強いられることとなった。そして、前半戦を締め括る9日の第7レグでは総合5番手に着けていたペテランセルがエンジントラブルに祟られてリタイアするなどハプニングが続出。三菱勢は唯一、生き残ったロマが4番手で前半戦を終えることとなった。

こうして三菱勢の期待を一身に背負うこととなったロマは後半戦も慎重な走りに徹し、4番手

2009年ダカールラリー。三菱は新設計のマルチチューブラーフレームを採用した計4台のレーシングランサーを投入。写真はテスト時のもので増岡（右から4人目）の姿も見える。

2009年ダカールラリー。第31回目となる同大会は競技のメインステージをアフリカ大陸から南米大陸に移してアルゼンチンおよびチリで開催された。

2009年ダカールラリー。パジェロエボリューションに替わる次世代競技車両としてディーゼルエンジン搭載のレーシングランサーを投入。「エンジンのパワーバンドも広かったし、クルマも軽かった」と語る増岡浩だったが、競技初日にエンジントラブルでリタイアに終わる。

2009年ダカールラリー。4台のレーシングランサーを投入した三菱だが、トラブルが続出。唯一、完走を果たしたホアン・ナニ・ロマが10位でフィニッシュ。この大会から2週間後、三菱はダカールラリーでのワークス活動の終了を発表した。

に着けていたのだが、終盤戦を迎えた15日の第12レグで電気系のトラブルに祟られて総合6番手に後退した。16日のSS13でベストタイムをマークするものの、前日の競技打ち切りによるペナルティタイムが加算されたことから総合10番手まで後退した。

結局、ドゥビリエ、ミラーのフォルクスワーゲン勢が1-2フィニッシュで初優勝を獲得するなか、三菱ワークスで唯一完走したロマが10位でフィニッシュした。まさに三菱勢にとっては悔しいリザルトとなったが、その一方で「ディーゼルエンジンもそのまま続けていれば、レーシングランサーは2年目に勝っていたと思う」と増岡が語るように手応えを掴んでいた。

それだけに2010年の第32回ダカールラリーでは三菱勢の活躍が期待されていたのだが、2008年9月の世界的な金融危機〝リーマン・ショック〟がその目標を奪うことになった。同年12月にF1からの撤退を発表したホンダ、WRCでの活動終了を発表したスバル、スズキに続いて、2009年の大会終了後から約2週間後の2月4日、三菱も経営資源の選択と集中を一層推進する必要があると判断したことから、ダカールラリーでのワークス活動の終了を発表。

こうして1983年にスタートした三菱のダカールラリーへのチャレンジは大会7連勝、通算12回の総合優勝というリザルトを残して幕を閉じることになったのである。

第3章

ダカールラリー以外のモータースポーツ活動

WRCにおける活躍
1990年代後半に4連覇を達成

　1962年にツーリングカーレースへの参戦を開始し、1966年から1971年までフォーミュラカーレース、さらに1966年からはラリー競技に参戦するなど積極的なモータースポーツ活動を行ってきた三菱。その黎明期の活動は当時の社会情勢を受けて1977年で閉じることとなったが、1983年からはパジェロを武器にダカールラリーへの挑戦を開始しており、それ以降、クロスカントリーラリー競技で数多くの勝利を獲得していた。

　この頃、三菱は1960年代後半から1970年代後半にかけて黄金期を築いたスプリントラリー競技にも復帰。ダカールラリーのデビューから遡ること2年前の1981年にはラリー競技の最高峰シリー

ズ、WRC（世界ラリー選手権）への参戦を開始していた。

　主力モデルは1979年にデビューしたランサーEXに2.0Lのターボエンジンを登載したヨーロッパ輸出モデル、ランサーEX2000ターボで、アクロポリスラリー、1000湖ラリー、RACラリーの3戦にエントリー。同モデルは軽量・高剛性のボディに最高出力280psの4G63型エンジンを登載していたことから、まさに当時としては2.0Lクラスで最速の2WDモデルであったのだが、同じく1981年にデビューした4WDターボモデル、アウディ・クワトロが旋風を巻き起こし、三菱勢は目立った成績を残すことはできなかった。

　翌1982年は細部の改良を施した同モデルを1000湖ラリー、ラリーサンレモ、RACラリーに投入し、1000湖ラリーにおいてペンティ・アイリッ

1977年を最後にモータースポーツ活動を休止していた三菱だが、1981年にWRCに復帰した。マシンはランサーEX2000ターボで2.0Lクラスで最速の2WDモデルと謳われていた。

1982年のWRC第6戦、1000湖ラリー。ランサーEX2000ターボを駆るペンティ・アイリッカラが3位で表彰台を獲得した。

カラが3位で表彰台を獲得。三菱の復活を世界に印象づける一戦となったが、同ラリーがランサーEX2000ターボのベストリザルトとなった。三菱は1983年の1000湖ラリー、RACラリーに再び同モデルを投入するものの、この2戦を最後にWRCでの活動を休止した。ラリーシーンを一変させたアウディ・クワトロの台頭により4WDマシンの必要性を痛感した三菱は次期マシン、スタリオン4WDラリーの開発に専念することになったのである。

スタリオン4WDラリーは、三菱が1982年に発売したFRの2ドアクーペ、スタリオンにフルタイム4WD機構を備えた三菱初の4WDターボ車両で、FIAのグループB規定に合わせたマシンとして開発されていた。しかし、開発スケジュールが遅延したことにより、車両公認の条件となっていたベース車両の年間200台の生産を果たすことなく、1984年に生産中止が決定。結局、同モデルはホモロゲーションを取得することなく、わずか数戦のテスト参戦だけでプロジェクトを終えることになった。1984年のフランス選手権の一戦として開催されたミル・ピストラリーでデビューしたスタリオン4WDラリーはプロトタイプクラスで優勝、賞典外のプロトタイプクラス車両として出場したRACラリーでも素晴らしい走りを披露するものの、三菱ワークスはテストプログラムを終了した。その後、同モデルは1986年の香港〜北京ラ

1984年WRC第12戦、RACラリー。三菱はグループB規定のスタリオン4WDターボを開発。しかし、ホモロゲーションを取得することはなく、WRCのデビュー戦となったRACラリーにも賞典外のプロトタイプ車両として出場した。ドライバーはラッセ・ランピ。

リーでルー・ニンジュンが総合2位を獲得するものの、その一戦を最後にラリーシーンから姿を消すことになったのである。

このようにグループB規定で開発された4WDマシン、スタリオン4WDラリーは活躍の場を失い、短命に終わることとなったが、三菱がグループA規定に合わせて開発したスタリオンターボは、1987年から1988年にかけて各国のナショナル選手権やリージョナル選手権で活躍していた。同モデルはベース車両と同様に2.0Lのターボエンジンを搭載したFRモデルで、改造範囲が厳しく制限されていたものの、1984年に設立された三菱のモータースポーツ活動の統括会社、ラリーアートがユーザーポートを展開したことから、三菱ユーザーが様々なシリーズで活躍していた。

なかでも最も素晴らしいパフォーマンスを見せていたのがラッセ・ランピで、1987年の中東選手権のグループAカップでタイトルを獲得。さらに同年にはダカールラリーで頭角を見せ始めていた日本人ドライバーの篠塚建次郎がヒマラヤンラリーで優勝したほか、スタリオンターボはチェコやトルコの国内選手権にも参戦していた。1988年にはイギリス選手権のスコティッシュラリーで

4位入賞、APRC（アジアパシフィックラリー選手権）のニュージーランドラリーで4位に着けるなど、まさにスタリオンターボは三菱ユーザーの主力モデルとして世界各国で猛威をふるっていた。

ワークスとしてのラリー参戦の機会を失っていた三菱にとって最大の転機となったのが、WRCが1987年でグループBを廃止し、グループA規定に移行したことだった。グループAの公認取得には年間5000台以上の生産が必要で、改造範囲が厳しく制限されることから、各メーカーは競技ユースを前提にした市販スポーツモデルの開発を実施。そのなかで三菱が1987年12月にリリースしたマシンが、DOHCの4G63型2.0Lターボエンジンとフルタイム4WD機能を備えたギャランVR-4であった。三菱は同モデルのグループA仕様車を1988年の最終戦、RACラリーに投入、ついにWRCに復帰したのである。

翌1989年には三菱が早くもトップ争いを左右するようになり、第9戦の1000湖ラリーではミカエル・エリクソンのドライブで三菱が1976年のサファリラリー以来、13年ぶりとなるWRCでの勝利を獲得するほか、最終戦のRACラリーでもアイリッカラが勝って三菱勢は計2勝をマークした。

1987年ヒマラヤンラリー。グループA規定で開発されたスタリオンターボを武器に篠塚建次郎が優勝した。そのほか、ラッセ・ランピが中東選手権でグループAカップのタイトルを獲得するなどリージョナル選手権で活躍した。

1989年のWRC第9戦、1000湖ラリー。ギャランVR-4を駆るミカエル・エリクソンが優勝し、三菱が1976年のサファリラリー以来、13年ぶりにWRCでの勝利を獲得した。

1991年WRC第12戦、コートジボワールでギャランVR-4を駆る篠塚建次郎が自身初優勝を獲得。日本人初のWRCウイナーに輝いた。

　さらに1990年は第8戦の1000湖ラリーでアリ・バタネン、最終戦のRACラリーでケネス・エリクソンがともに2位に着け、第11戦のコートジボワールラリーではプライベーターのパトリック・トジャックが勝利を獲得するなど、三菱勢がアップデートを果たしたギャランVR-4で躍進。1991

年にはエリクソンが第2戦のスウェディッシュラリーを制したほか、第6戦のアクロポリスラリーではギャランVR-4のエボリューションモデルを投入しており、エリクソンおよびティモ・サロネンらが48箇所中30箇所のSSでベストタイムをマークするなど三菱勢が善戦していた。さらに第12戦

のラリーコートジボワールでは篠塚が日本人初の
WRCウイナーに輝くなど三菱勢は常に最前線で活
躍した。

　その後も三菱は1992年のWRCにギャランVR-4
を投入したが、ライバル車両の進化が著しく、三
菱勢は苦戦の展開を強いられていた。唯一の朗報
は篠塚が第12戦のラリーコートジボワールを制
し、大会2連覇を果たしたことだったが、同年を
最後にギャランVR-4はワークスマシンとしての活
動を終了した。WRCで通算6勝を挙げるなど、ま
さにギャランVR-4は三菱のラリー活動のターニン
グポイントを作ることとなったが、その一方で大
きなボディサイズがネックになっていた。フォー
ドはシエラからエスコート、スバルはレガシィか
らインプレッサに主力モデルを変更するなど、ラ
イバルメーカーは相次いでコンパクトセダンを開
発していたことから、三菱もWRCで勝つためにダ
ウンサイジング化を実施。ギャランVR-4よりも一
回り小さなボディに4G63型エンジンを搭載した新
型車、ランサーエボリューション、通称 "ランエ
ボ" を1992年に発売し、1993年のWRCに同モデ
ルのグループA仕様車を投入することとなった。

　WRCにおける "ランサー" の復活は1983年の
ランサーEX2000ターボ以来、実に10年ぶりの出
来事となっただけに多くの注目を集めていた。そ
のなかで、ランサーエボリューションはギャラン
VR-4より1kmあたり1秒のタイムアップを実現す
るなど、序盤から抜群のパフォーマンスを披露。
デビューイヤーの1993年は未勝利に終わるもの
の、第6戦のアクロポリスラリーでアルミン・シュ
バルツが3位、最終戦のRACラリーではエリクソン
が2位入賞を果たして表彰台を獲得した。

　そして、この経験をもとに三菱は早くもラン

1992年WRC第12戦、コートジボワールで日本人ドライバーの
篠塚建次郎が大会2連覇を達成。同年はライバル車両の進化が著し
く、苦戦を強いられただけに三菱勢にとっては朗報となった。

エボシリーズの第2弾となるランサーエボリュー
ションⅡを開発し、翌1994年のWRCに投入した。
ランエボⅡは大型リヤスポイラーが装着され、フ
ロントにエアダムを設けるなど空力性能の高いエ
クステリアを持っており、高速走行時におけるス
タビリティが向上していた。ホモロゲーション上
ではランサーエボリューションとなっていたが、
実際にWRCに投入されたワークスモデルは市販
モデルとのリンクはないものだった。しかし、外
装およびダンパーを変更し、圧縮比を高めるなど
市販モデルと同時にグループA仕様車も改良され
た。そのため、三菱ワークスはWRCで素晴らし
い活躍を披露。当時の三菱ワークスはAPRCのマ

1993年WRC第6戦、アクロポリスラリー。同年より三菱はコンパクトセダンに4G63型エンジンを搭載したランサーエボリューションを投入。同ラウンドでアルミン・シュバルツが3位で表彰台を獲得した。

1994年WRC第5戦、アクロポリスラリー。三菱は外装を一新したランサーエボリューションⅡを投入。アルミン・シュバルツが2位入賞を果たした。

ニュファクチャラーズタイトル獲得を重視していたことから、1994年のWRCは散発的な活動となったが、それでもランエボⅡはデビュー戦となった第5戦のアクロポリスラリーでシュバルツが2位に着けるほか、第7戦のラリーニュージーランドで

も3位で表彰台を獲得。さらに1995年に入ると電磁クラッチを使用したアクティブデフを採用するなどランエボⅡは進化を果たし、第2戦のスウェディッシュラリーでエリクソンが記念すべきランサーエボリューションシリーズでの初優勝を獲

得、後に黄金期を築くトミ・マキネンが2位入賞を果たしたことで三菱勢が1-2フィニッシュを達成した。

三菱勢の攻勢はなおも続いた。三菱は1995年1月にランサーエボリューションⅢをリリースしており、同年5月に開催された第4戦のツール・ド・コルスにランエボⅢを投入。同モデルは空力性能の高いフロントバンパーおよび翼端板を備えた大型リヤウイングに加えてランエボⅡの最終スペックで投入されていた2次エア供給によるアンチラグシステムが本格的に採用されるなど、まさにレーシングマシンと呼べるような仕上がりとなっていた。このランエボⅢのデビュー戦となったツール・ド・コルスでアンドレア・アギーニが3位に着けるほか、第6戦のオーストラリアではエリクソンが同モデルでの初優勝を獲得した。その勢いは1996年も健在で、マキネンが開幕戦のスウェディッシュラリーを制すると第2戦のサファリラリー、第5戦のラリーアルゼンチーナ、第6戦の1000湖ラリー、第7戦のラリーオーストラリアを制覇。圧縮比の変更でトルクを引き上げたランエボⅢを武器に計5勝をマークしたマキネンがドライバーズチャンピオンに輝いた。

こうしてWRCで初のタイトルを獲得した三菱はディフェンディングを果たすべく、1997年の開幕戦、ラリーモンテカルロに合わせて、1996年8月に発売されたランサーエボリューションⅣ

1995年WRC第2戦、スウェディッシュラリー。アクティブデフを採用したランサーエボリューションⅡでケネス・エリクソンが優勝し、ランエボシリーズでの初優勝を獲得した。

1996年WRC第7戦、ラリーオーストラリア。三菱は圧縮比の変更でトルクを拡大したランサーエボリューションⅢを投入。トミ・マキネンが計5勝を獲得し、三菱および自身初のチャンピオンに輝いた。

1997年WRC第4戦、ラリーポルトガル。三菱はランエボのフルモデルチェンジに合わせて開幕戦よりランサーエボリューションIVを投入。トミ・マキネンが計4勝を獲得し、2年連続でドライバーズチャンピオンに輝いた。

のグループA仕様車を投入していた。1992年の発売以来、3つのモデルが発売されてきたランエボシリーズにとってこれが初のフルモデルチェンジで、新しいボディシェルを採用したランエボIVは、エンジンを左右反転でマウントしていた。そのため、グループA仕様車もギアボックスやアクティブデフなど全面的な見直しが実施されており、序盤から素晴らしい走りを披露していた。

　1997年は数多くの自動車メーカーの参戦を促すべく、改造範囲の広いWRカー規定が導入されるなど、言わばWRCの転換期で、スバルおよびフォードが新開発のWRカーを投入していた。しかし、三菱はグループAにこだわりを見せていた。それでも、初めてシーケンシャルシフトを導入し、ポートやカムシャフトの形状を見直すなどのエンジンの改良を実施したことで、ディフェンディングに挑むマキネンが第4戦のラリーポルトガル、第5戦のラリーカタルーニャ、第7戦のラリーアルゼンチーナ、第10戦のラリーフィンランドと計4勝をマーク。2年連続でドライバーズチャンピオンに輝いた。

　このように名実共にWRCの頂点に輝いた三菱は、1998年も勢いは衰えることはなく、第2戦のスウェディッシュラリーでマキネンがシーズン初優勝を獲得。続く第3戦のサファリラリーではリチャード・バーンズが自身初優勝を獲得するな

1998年WRC第12戦、ラリーオーストラリア。三菱はシーズン途中にランサーエボリューションVを投入。ランサーエボリューションVで4勝、IVで1勝をマークしたトミ・マキネンがドライバーズ部門で3連覇を達成した。

ど、熟成を極めたランエボIVを武器に好調な出だしを見せていた。しかし、フォードおよびスバルのWRカーも確実に進化しており、三菱はシーズン途中でニューマシン、ランサーエボリューションVを投入していた。

　ランエボVにおける最大の特徴がトレッドのワイド化で、WRカーと同様に全幅を1770mmまで拡大したことにより、ターマックでのスタビリティが向上していた。さらにグラベルイベントに対応すべく、ナロートレッド用のサスペンションをラインナップしたことも同モデルの特徴と言っていい。第5戦のラリーカタルーニャでWRCにデビューしたランエボVはマキネンのドライブにより第7戦のラリーアルゼンチーナで初優勝を獲得した。その後もマキネンが第10戦のラリーフィンランド、第11戦のラリーサンレモ、第12戦のラリーオーストラリアと3連勝を達成。さらにバーンズが第13戦のラリーGBを制覇した。結局、計5勝をマークしたマキネンがWRC史上初のドライバーズ部門3連覇を達成するとともに、計7勝をマークした三菱が初めてマニュファクチャラーズ部門でタイトルを獲得しWRCで二冠を達成した。

　まさにWRCで快進撃を続ける三菱は、さらなる飛躍を果たすべく、1999年も開幕戦に合わせてニューマシンを投入。シリーズ6作目となるランサーエボリューションVIに主力モデルをスイッチしていた。同モデルはフロントバンパーの前面開口部が拡大され、2段ウイングのリヤスポイラーを採用するなど市販車両の段階からWRカーを彷彿とさせるエアロパーツを装着していた。しかし、FIAはこの空力デザインを規制したため、グループAモデルではフロントバンパーの開口部がパネルで狭められ、リヤの2段ウイングも下部とトランクの間が塞がれていた。

　それでもランエボVIは抜群のパフォーマンスを発揮し、マキネンが開幕戦のラリーモンテカルロ、第2戦のスウェディッシュラリーと開幕2連勝を達成した。さらにランエボVIはチタンタービンを使用した新しいツインスクロールターボを採用し、シーズン終盤にはリヤデフをアクティブデフに変更するなど、改良を続けたことがリザルトに直結したのだろう。マキネンが第9戦のラリーニュージーランド、第12戦のラリーサンレモを制するなど、追いすがるライバルを引き離すことに成功。計4勝をマークしたマキネンが1999年のWRCでチャンピオンに輝き、ドライバーズ部門で

前人未到の4連覇を達成した。

こうして歴代ランエボで栄華を極めた三菱だったが、失墜の時は突然やってきた。ランエボVIを武器に2000年の開幕戦・ラリーモンテカルロを制覇するなど、エースのマキネンが5連覇に向けて順調なスタートを切っていたのだが、各メーカーのWRカーの進化が著しく、グループA仕様車で戦う三菱勢は苦戦の展開を強いられた。そこで三菱はライバルメーカーに対抗すべく、第9戦のラリーフィンランドにランサーエボリューションVIの限定モデル、トミ・マキネンエディションのモチーフを活かした通称〝ランエボVI改〟を投入。同モデルは軽量化されたサスペンションやメ

2000年WRC第9戦、ラリーフィンランド。三菱は限定モデルのモチーフを活かしたランサーエボリューションVI改を投入。しかし、WRカーを前に苦戦を強いられ、トミ・マキネンはランキング5位に沈むこととなった。

ンバーを採用し、フロントのサスペンションストロークを10mmアップするなど細部の改良が施されたものの、残念ながらエースのマキネンが三菱勢の最上位となるランキング5位に低迷した。こうして、1996年にスタートした三菱の黄金期はわずか4年で終焉を迎えることになったのである。

1997年に導入されたライバルチームのWRカーは絶頂期を迎えており、2000年に入ると完全にグループA仕様車を凌駕していた。そのため、これまでグループAにこだわってきた三菱もついにWRカーの開発を決意。その前段階として三菱は2001年の開幕戦に合わせて、ランサーエボリューションVIトミ・マキネンエディションをベースに最後のグループA仕様車を投入した。

通称〝ランエボ6.5〟と呼ばれる2001年型モデルはシーズン途中のWRカー投入と引き換えにFIAが大幅な改良を特認したことから、グループA規定を超越したモディファイが行われていた。フライホイールの軽量化でエンジンレスポンスの向上を図り、リヤサスペンションもアッパーマウントの位置を変更することで60mmもホイールストロークを延長していた。その効果は絶大でマキネンが開幕戦のラリーモンテカルロを制し、第3戦

2001年WRC第8戦、サファリラリー。同年より三菱は最後のグループA仕様車となるランサーエボリューション6.5を投入した。特認で大幅な改造が認められたことから、トミ・マキネンがサファリラリーで3勝目を獲得。しかし、これが三菱にとって最後の勝利となった。

のラリーポルトガルでシーズン2勝目を獲得。その後は足踏み状態が続くものの、折り返しを迎えた第8戦のサファリラリーでシーズン3勝目を獲得した。その勢いに乗って、このままマキネンがタイトル奪還に向けてポイント争いを支配するかのように思われたのだが、これが三菱にとってWRCでの最後の勝利となった。

三菱にとって大きな転換期となったのは第11戦のラリーサンレモで、同イベントに三菱は初のWRカー、ランサーエボリューションWRCを投入していた。同モデルはホモロゲーション取得の条件として2万5000台以上の生産が必要となっていたことから、ファミリーセダンのランサー・セディアをベースに採用。そこにモデルチェンジを果たしたランサーエボリューションⅦをイメージしたエアロパーツが装着されていた。ランエボWRCは最後のグループA仕様車となったランエボ6.5のコンポーネントを踏襲しながらも、リヤスペンションをマルチリンクからストラット形式に変更、4G63型エンジンもショートストローク化やクランク、コンロッド、フライホイールの軽量化を図るなど、WRカー規定に合わせて改良が実施されていた。しかし、初期トラブルが噴出したこと

で、エースのマキネンはランキング3位と惜敗。失意のマキネンは三菱を離脱することになった。

2002年はフランソワ・デルクール、アリスター・マクレーの新体制でWRCに参戦するものの、ランエボWRCのパフォーマンス不足は否めなかった。そこで、三菱は第9戦のラリーフィンランドにランサーエボリューションWRC2を投入。三菱にとって2作目のWRカーとなったランエボWRC2は、エンジン搭載位置を15mm下げることで低重心を図っていた。ターボチャージャーもツインスクロールからシングルスクロールに変更することでトップエンドのパワーを拡大。さらにトランスミッションも軽量化を果たした新型のセミ

2001年WRC第11戦のラリーサンレモに三菱が初のWRカーとなるランサーエボリューションWRCを投入。ランサー・セディアをベースにしたマシンだったがトラブルが噴出。失意のトミ・マキネンは三菱を離脱してしまう。

ATが採用されるなど様々な改良が行われたが、劣勢を挽回するには至らず、低迷が続くこととなった。そのため、三菱は2002年を最後にWRCでの活動を休止し、2003年は開発に専念。その間に三菱はダイムラー・クライスラーの資本参加に合わせて体制を一新した。これまで開発の主軸となっていた三菱の岡崎技術研究所に代わって、イギリスに新設されたモータースポーツ統括会社、MMSPでマシン開発が行われることになった。

三菱が再びWRCに復帰したのは2004年で、開幕戦のラリーモンテカルロに合わせて3作目のWRカーとなるランサーWRC04を投入した。同モデルはイギリスのコンストラクター、ローラ社の風洞で煮詰められたエアロダイナミクスが特徴で、レーシングマシンのような外装パーツが採用されていた。岡崎で開発されたエンジンに関してもタービンを三菱重工からギャレットにするなど大胆な変更が実施されていた。その一方で、全てのデフがアクティブからパッシブタイプに変更され、ミッションもセミATではなく、5速のシーケンシャルが採用されるなど、駆動系に関してはコンサバティブな仕上がりとなっていた。ドライバーのラインナップもターマックマイスターの

ジル・パニッツィにジジ・ガリ、クリスチャン・ソルベルグ、ダニエル・ソラの若手3名を交代で起用する充実した体制となっていたのだが、ランサーWRC04はマイナートラブルが続出した。このため、三菱はマシンの開発とテストに全力を注ぐべく、第11戦のラリージャパンを前に活動を休止した。その一方で、スポット参戦を果たした第15戦のラリーカタルーニャでソラが6位入賞を果たすなど、マシンの進化にも手応えを掴んでいた。

こうして2度の活動休止を挟みながら、WRカーの開発を行って来た三菱は2005年にWRCに復帰。開幕戦のラリーモンテカルロに4作目のWRカー、

ランサーWRC05を投入していた。FIAの指導により大胆なエアロフォルムは派手さを失ったが、レギュレーションの変更に合わせて全幅を規定値いっぱいの1800mmに拡幅して、さらにセミATやアクティブセンターデフを採用。ドライバーのラインナップもハリ・ロバンペラにパニッツィとガリを使い分ける体制で、開幕戦のラリーモンテカルロではパニッツィが3位、最終戦のラリーオーストラリアではロバンペラが2位に着けるなど2度の表彰台を獲得していた。それだけに2006年の活躍が期待されていたのだが、経営再建中の三菱は基盤強化を図るべく、2005年を最後にWRCにおけるワークス活動の休止を発表した。その後はMMSPがカスタマーサポートを展開するものの、ランサーWRC05での活動は2007年のシーズン中盤で終了。こうして1974年のサファリラリー以来、度重なる活動休止を得ながらも、ギャラン、ランサーのグループA仕様車を武器にWRCで活躍してきた三菱は計34勝という記録を残してWRCでのチャレンジにピリオドを打つこととなったのである。

2005年WRC第16戦、ラリーオーストラリア。三菱は4作目のWRカーとなるランサーWRC05を投入。最終戦のオーストラリアでハリ・ロバンペラが2位に入賞した。しかし、経営再建中の三菱は同年をもってワークス活動を休止。計34勝という記録を残してWRCへの参戦にピリオドを打った。

国内外のラリー選手権における活躍
APRC、PWRC、JRCで躍進

　黎明期のモータースポーツ活動を経て、1981年よりWRCへ参戦を開始し、さらに1983年からはダカールラリーへの挑戦を開始するなど、スプリントラリーおよびクロスカントリーラリーの頂点にチャレンジしてきた三菱だが、その一方で国内外の各国ラリー選手権においても活躍。ワークスチームはもちろん、MMSPやラリーアートのサポートドライバーたちが、JRC（全日本ラリー選手権）をはじめとするナショナル選手権やAPRC（アジアパシフィックラリー選手権）などのリージョナル選手権、さらにWRC直下の下部シリーズとして、2002年から2012年にかけて開催されていたグループNの最高峰シリーズ、PWRC（プロダクションカー世界ラリー選手権）で活躍していた。

　なかでも、目覚ましい活躍を見せていたのが、1988年にスタートしたAPRCにほかならない。設立初年度の1988年にはディビッド・オフィサーがスタリオンターボのグループA仕様車で4位入賞。日本人ドライバーの篠塚建次郎がギャランVR-4のグループA仕様車でヒマラヤンラリーを制し、APRCの初代チャンピオンに輝いた。

　その後もプライベーターながらギャランVR-4を駆るロス・ダンカートンが1989年にインドネシアラリー、マレーシアラリーを制してランキング2位、1990年にもインドネシアラリー、マレーシアラリーを制してランキング2位を獲得。さらに、ダンカートンは1991年もインドネシアラリー、マレーシアラリーを制し、1992年にはギャランVR-4を武器にニュージーランドラリー、インドネシアラリー、マレーシアラリー、タイラリーと計4勝を

1988年APRCのヒマランヤンラリー。ギャラン
VR-4を武器に同大会を制した篠塚建次郎がAPRC
の初代チャンピオンに輝いた。

獲得し、2年連続でチャンピオンに輝いた。

　そして、1993年にランサーエボリューションが
デビューすると、APRCにおいても三菱勢がランエ
ボのグループA仕様車で躍進していた。ダンカー
トンがインドネシアラリーで2位、マレーシアラ
リーで3位に着けるなど2度の表彰台を獲得してい
る。1994年には三菱のライバルとしてWRCで活
躍するスバルがワークスチームを投入したことか
ら、三菱も1994年からラリーアート・ヨーロッパ
が最新のグループA仕様車、ランサーエボリュー
ションⅡを投入。惜しくもタイトルこそ逃すもの
の、ケネス・エリクソンがインドネシアラリーお
よびタイラリーを制覇した。

　さらにアジア市場を重視した三菱は、1995年の
APRCにエリクソンに加えて、トミ・マキネンを起
用するとともに開幕戦に合わせて当時の最新ワー
クスモデル、ランサーエボリューションⅢを投
入。WRCをスポット的なプログラムとして扱い、
APRCに勢力を注ぎ込んでいた。その期待に応え
るかのようにエリクソンが第3戦のマレーシアラ
リー、第4戦のオーストラリアラリー、第5戦の香
港～北京ラリーと3連勝を達成、マキネンも最終
戦のタイラリーを制するなど三菱勢が躍進。計3
勝をマークしたエリクソンがチャンピオンに輝く
とともに、計4勝をマークした三菱がマニュファ
クチャラーズ部門でもタイトルを獲得した。

1992年APRCマレーシアラリー。ギャランVR-4を駆るロス・ダ
ンカートンが同ラウンドのほか、ニュージーランドラリー、インド
ネシアラリー、タイラリーを制し、2年連続でAPRCのチャンピオ
ンに輝いた。

1994年APRCインドネシアラリー。三菱はラリーアート・ヨー
ロッパがランサーエボリューションⅡを投入。ケネス・エリクソン
がインドネシアラリーを制したほか、タイラリーを制するなど2勝
をマークした。

1995年APRC香港～北京ラリー。ランサーエボリューションⅢを駆るケネス・エリクソンがシーズン3勝目を獲得し、ドライバーズチャンピオンに輝いた。さらにトミ・マキネンも最終戦のタイラリーを制覇し、計4勝をマークした三菱はマニュファクチャラーズ部門でもタイトルを獲得した。

翌1996年から三菱は再びWRCをメインに活動を展開したが、リチャード・バーンズがランサーエボリューションⅢで第4戦のラリーニュージーランドを制した一方で、WRCと同時開催で争われた第5戦のラリーオーストラリアではマキネンが勝利を飾っている。さらに最終戦の香港～北京ラリーではアリ・バタネン、バーンズ、篠塚らが1-2-3フィニッシュを達成。残念ながらドライバーズ部門では最上位のバーンズがランキング2位と惜敗したが、三菱がマニュファクチャラーズ部門で2連覇を達成するとともに、ランエボⅢのグループN仕様車で参戦していた日本人ドライバー

の片岡良宏がグループNドライバーズカップの初代チャンピオンに輝いた。

1997年は未勝利に終わるものの、1998年にはランエボⅢを駆る片岡がタイラリーを制し、WRCと同時開催のオーストラリアラリーではランサーエボリューションⅤを駆るマキネンが勝利を獲得した。さらに1999年にはランサーエボリューションⅥのグループN仕様車を駆る田口勝彦がドライバーズ部門およびグループNドライバーズカップでチャンピオンに輝くとともに、ランエボⅥのグループA仕様車で片岡がキャンベララリー、マキネンがWRCと同時開催のラリーオーストラリア

1996年APRC香港～北京ラリー。アリ・バタネンが優勝したほか、リチャード・バーンズが2位、篠塚建次郎が3位入賞。三菱がマニュファクチャラーズ部門で2連覇を達成した。

を制したことにより、三菱がマニュクファクチャラーズ部門でもタイトルを獲得するなど、三冠に輝いた。

　その後も2001年にニコ・カルダローラが2勝を挙げたことにより、三菱がマニュファクチャラーズ部門でチャンピオンに輝き、2002年もエド・オーディンスキーがラリーキャンベラ、カルダローラが最終戦のラリータイを制するなど三菱勢の躍進は続いていた。2003年には着実にポイントを重ねたアーミン・クレマーがドライバーズ部門およびグループN部門でチャンピオンを獲得するとともに、三菱がマニュファクチャラーズ部門を制して三冠を達成。その勢いは2004年も健在でジェフ・アーガイルがラリーニューカレドニア、田口がチャイナラリーを制し、2005年には計5勝をマークしたユッシ・ヴァリマキがドライバーズ部門でタイトルを獲得。同時に三菱がマニュファクチャラーズ部門を制して二部門制覇を達成した。

　残念ながら2006年から2009年は複数のラリーで勝利を飾りながらも、リタイアが響いたことで三菱勢は無冠に終わるものの、2010年にはMRFタイヤのワークスドライバーとして参戦した田口がマレーシアラリーを制し、自身2度目のドラ

イバーズチャンピオンに輝くほか、三菱がマニュファクチャラーズ部門を制したが、翌2011年以降は改造範囲が広く、ターボのないWRカーと謳われたスーパー2000仕様車がトップ争いの主役となった。

　三菱はこのようにAPRCでも名門メーカーとして定着し、グループA仕様車およびグループN仕様車で数々の栄冠を勝ち取った。

　一方、事実上のグループNの最高峰シリーズとして2002年に設立されたPWRCにおいても、数多くの三菱ユーザーがランサーエボリューションで活躍していた。設立初年度の2002年はランサーエボリューションⅥを駆るクリスチャン・ショーベリーが開幕戦のスウェーデンを制するほか、ランサーエボリューションⅦでラモン・フェレロスが第2戦のツール・ド・コルス、第4戦のアルゼンチンを制覇。その後もランエボⅦでアレックス・フィオリオが第6戦のラリーフィンランド、ランエボⅦにスイッチしたショーベリーが第7戦のニュージーランドを制覇するなど三菱ユーザーが8戦中5勝をマークした。さらに2003年にはランエボⅦを駆るダニ・ソラが第5戦のドイツ、ランエ

2004年PWRC。三菱のワークス活動を担うMMSPがグループN仕様のランサーエボリューションⅦを投入。第2戦のラリーメキシコをダニ・ソラが制するなど若手ドライバーが躍進していた。

2005年PWRC。第2戦のラリーニュージーランドでチェビー・ポンスがスバル勢のエースとしてWRX STIを駆る新井敏弘を抑えて優勝した。

ボⅥでニール・マックシェアが最終戦のツール・ド・コルスを制するなど三菱ユーザーが計2勝をマーク。

そして、PWRCにおいて欠かすことのできないエピソードとなったのが2004年のシリーズで、同年には三菱のワークス活動を担ってきたMMSPがランサーエボリューションのグループN仕様車を投入。ヤニ・パーソネン、ソラら若手ドライバーがトップ争いを支配していた。まず、パーソネンがランエボⅦで開幕戦のスウェーデンを制すると、同じくランエボⅦでソラが第2戦のメキシコを制覇。さらに第3戦のニュージーランドではランエボⅦを駆るマンフレッド・ストールが

シーズン初優勝を獲得し、第4戦のアルゼンチンではパーソネンがシーズン2勝目を獲得した。後半戦に入ると三菱勢はニューマシン、ランサーエボリューションⅧで爆発的な走りを披露。チェビー・ポンスが第5戦のラリードイチェランド、第6戦のツール・ド・コルスと2連勝を達成した。結局、三菱ユーザーのタイトル獲得は果たせなかったが、全7戦中6戦で勝利を獲得したことは、ランエボのパフォーマンスを証明するエピソードと言っていい。

2005年における三菱ユーザーの勝利はポンスが獲得した第2戦のニュージーランドのみに終わるものの、2006年は開幕戦に合わせてランサーエボ

2006年のPWRCでは日本人ドライバーの奴田原文雄が躍進。ランサーエボリューションⅨを武器に開幕戦のラリーモンテカルロを制した。

2006年のPWRCで開幕戦のラリーモンテカルロを制した奴田原
文雄は、第5戦のラリージャパンを制覇。さらに第6戦のキプロス
ラリーを制するなど年間最多の3勝をマークした。

リューションⅨのグループN仕様車がデリバリー
され、三菱ユーザーが躍進。なかでも、日本人ド
ライバーの奴田原文雄が開幕戦のモンテカルロ、
第5戦のジャパン、第6戦のキプロスと年間最多の
3勝を獲得したことは日本のラリーファンにとっ
て忘れられないエピソードと言える。

　翌2007年もマーク・ヒギンズが第2戦のメキシ
コ、フェデリコ・ヴィラグラが第3戦のアルゼンチ
ン、ガブリエル・ポッゾが第6戦のジャパン、ガ
イ・ウィルクが第8戦のGBを制して三菱ユーザー
がランエボⅨを武器に8戦中4勝をマーク。さらに
2008年にはユホ・ハンニネンが開幕戦のスウェー

デンで優勝したほか、アンドレアス・アイグナー
が第2戦のアルゼンチン、第3戦のアクロポリス、
第4戦のトルコと3連勝を達成し、三菱ユーザーと
して初めてPWRCのタイトルを獲得した。

　その後もハンニネンが第5戦のフィンランド
および第7戦のジャパン、マーティン・プロコッ
プが第6戦のニュージーランドを制し、三菱ユー
ザーがランエボⅨで計8戦中7勝をマークした。

　こうしてPWRCにおいても、ついにチャンピオ
ンの輩出を果たした三菱陣営。ランエボⅨの戦闘
力は高く、2009年も三菱ユーザーの快進撃は続い
ていた。同年からスーパー2000仕様車がポイント
加算の対象になったことから、グループN仕様車
は苦戦を強いられるものの、第3戦のポルトガル
を制したアルミンド・アラウジョがチャンピオン
に輝いたほか、プロコップが第7戦のオーストラリ
ア、第8戦のGBを制覇、三菱勢が計3勝を獲得した。

　さらに再びグループN車両を中心に争われるこ
ととなった2010年には2009年の王者、アラウジョ
がランエボⅨで第3戦のメキシコを、ヘイデン・
パッドンが第4戦のニュージーランドを制覇。ま
た同年にデビューしたランサーエボリューショ
ンⅩも熟成が進み、オット・タナクが第5戦の

2008年のPWRC。第2戦のラリーアルゼンチン、
第3戦のアクロポリスラリー、第4戦のラリートルコ
を制したアンドレアス・アイグナーが三菱ユーザー
として初めてPWRCでチャンピオンに輝いた。

フィンランド、第9戦のGBを制するとともに、ランエボXにスイッチしたアラウジョが第6戦のドイツ、第8戦のフランスを制するなど、三菱ユーザーが計9戦中7戦で勝利を獲得した。その結果、計3勝をマークしたアラウジョが2年連続でチャンピオンに輝いた。

　2011年の勝利はマーティン・セメラドによる開幕戦のスウェーデンのみとなったが、PWRCの最後の一年となった2012年にはミハエル・コシューツコが開幕戦のモンテカルロと第6戦のドイツ、ベニート・ゲラが第2戦のメキシコ、第3戦のアルゼンチン、第8戦のスペイン、バレリー・ゴーバンが第6戦のアクロポリスを制するなど三菱ユーザーがランエボXを武器に計8戦中6戦で勝利を獲得している。その結果、計3勝をマークしたゲラが2012年のタイトルを獲得。こうして11年間にわたるPWRCにおいても4度のタイトルを獲得、数多くの勝利を収めるなど、三菱ユーザーが歴代ランサーのグループNモデルで躍進したのである。

　このようにWRCに加えて、APRCやPWRCにおいても常に三菱は最前線で活躍してきたのだが、各国のナショナル選手権においても三菱ユーザーは活躍していた。なかでも、全日本ラリー選手権のJRCにおいては〝全日本ラリードライバー選手権〟と呼ばれた黎明期からトップ争いを展開しており、1971年および1972年には篠塚が2年連続でチャンピオンを獲得していた。オイルショックの影響で1974年より国内でのモータースポーツ活動を休止するものの、1970年代後半に入ると再び三菱ユーザーが国内ラリーへの参戦を開始し、各ラウンドでトップ争いを展開。ヨコハマタイヤのワークスチーム「アドバンPIAAラリーチーム」でミラージュを駆る山内伸弥が1979年にBクラスでチャンピオンに輝くほか、1982年には当時24歳の神岡政夫がランサーEXを武器に計3勝をマークし、史上最年少でBクラスのタイトルを獲得した。

　その後も山内が1983年に計2勝でBクラス、1984年には新設のCクラスを制するなどランサーを武器に最高峰クラスで連覇を達成。1985年から1988年は無冠に終わるものの、ギャランVR-4の熟成が進んだことにより、デビュー2年目の1989年には桜井幸彦が計2勝をマーク、Cクラスでチャンピオンに輝いた。

　1990年代に入っても三菱の勢いは衰えることなく、ギャランVR-4の進化と歩調を合わせるように

2010年のPWRC。ランサーエボリューションⅨを武器にラリーメキシコを制したほか、ランサーエボリューションXでラリードイツ、ラリーフランスを制したアルミンド・アラウジョが2年連続でPWRCチャンピオンに輝いた。

三菱勢はJRCで躍進していた。1991年に山内がCクラスを制すると1992年には計3勝をマークした西尾雄次郎がタイトル獲得。しかも、同年は大庭誠介がランキング2位、松本誠が同3位、桜井が同4位など三菱ユーザーがCクラスで上位を独占した。

そして、JRCにおけるターニングポイントになったのが、1993年のランサーエボリューションのデビューにほかならない。デビューイヤーこそタイトルを譲ったものの、1994年にはランエボⅡで桜井が3勝をマークし、Cクラスでタイトルを獲得している。その後はしばらくチャンピオンの獲得には至らなかったが、各ラリーでトップ争いを展開。そして、ランエボシリーズがJRCにおいて快進撃を見せたのが1999年のことだった。奴田原がランエボⅤで4連覇を達成し、Cクラスのタイトルを獲得。これがJRCにおける三菱およびランエボの黄金期の幕開けとなった。翌2000年も奴田原はランエボⅤで4勝をマークし、Cクラスで2連覇を達成。3連覇のかかった2001年は3勝を挙げながらもランキング2位と惜敗するものの、2002年にはランエボⅦで3勝をマークし、タイトル奪還に成功した。その後も奴田原は2003年に計4勝、ランエボⅧを投入した2004年および2005年に各3

2008年のJRC。「アドバンPIAAラリーチーム」の奴田原文雄が活躍。ランサーエボリューションⅩを武器に数多くの勝利を獲得した。

勝、ランエボⅨを投入した2006年に計4勝をマークし、CクラスおよびJN4クラスと最高峰クラスで5連覇を達成。2007年および2008年はタイトル争いで惜敗するものの、ランエボⅩの熟成が進んだことによって奴田原は2009年のJRCで計4勝をマークし、タイトル奪還に成功した。その後は数年にわたって三菱ユーザーの足踏み状態が続いたが、2014年に奴田原が計5勝をマークし、タイトルを獲得した。

このようにJRCにおいても三菱は数多くの勝利を収めており、名門メーカーとしての地位を築いたのである。

2014年のJRC。奴田原文雄が計5勝をマークし、JN6クラスでタイトルを獲得。自身10回目、最高峰クラスでは9度目のチャンピオンに輝いた。

世界各国の砂漠を攻略
〝パリダカ〟以外のクロスカントリーラリー

　1979年にスタートしたダカールラリーが急成長を遂げたことから、1980年代に入ると砂漠や荒涼地を舞台としたクロスカントリーラリーが普及し、様々な地域で開催されるようになった。パジェロを武器に1983年からダカールラリーへの参戦を開始した三菱も車両の開発テストを目的にこうした様々なラリーにエントリー。なかでも、エジプトを舞台とするファラオラリー、モロッコに横たわるアトラス山脈を舞台にしたアトラスラリー、チュニジアを舞台とするチュニジアラリーには比較的に早い段階から参戦しており、これらの北アフリカをフィールドにしたラリーで好成績を残していた。

　1985年のファラオラリーで総合3位に着けると同年のアトラスラリーでは総合2位に入賞。さらに1986年にはアトラスラリーで再び2位、スペインを舞台にしたバハ・アラゴンでは総合優勝を獲得した。その後も三菱は1987年のチュニジアラリー、バハ・アラゴンを制するほか、1989年にはチュニジアラリーの総合優勝を筆頭にアトラスラリーで2位、スペインを舞台にしたバハ1000で3位に着けるなど国際格式のメジャーイベントで猛威を発揮した。

　このように三菱はパジェロを武器に北アフリカおよびヨーロッパを舞台にしたクロスカントリーラリーで抜群のパフォーマンスを発揮していた。その一方でオーストラリアを舞台にしたオーストラリアン・ウィンズサファリラリーにも積極的に参戦していた。オーストラリアを舞台とする初の本格的なクロスカントリーラリーとして1985年

に設立された同イベントは、オーストラリア北岸のダーウィンから同国の最大都市、シドニーを結ぶルートで開催。その距離は6,000km以上で、ステージの構成も砂漠地帯や岩場などが主体となっており、その過酷さはダカールラリーに匹敵するほどのイベントとなっていた。

　1985年のダカールラリーで初優勝を獲得した三菱は、そのままの体制でオーストラリアン・ウィンズサファリラリーへ挑み、1-2フィニッシュで記念すべき第1回大会のウイナーとして名を刻んだ。翌1986年の第2回大会で上位5台を独占した三菱は、その後もダカールラリーに投入された最新パジェロを武器に1987年、1988年、1989年の大会で1-2フィニッシュを達成するなど、他を圧倒する強さで大会5連覇を達成した。

　まさにダカールラリーのほか、世界各国のクロスカントリーラリーでトップ争いを支配していた三菱だったが、その勢いは1990年代に入っても衰えることはなかった。1990年のチュニジアラリー、アトラスラリーを制したほか、オーストラリアン・ウィンズサファリラリーで篠塚建次郎が日本人ドライバーして初優勝を獲得。さらに1991年にはバハ・スペイン、オーストラリアン・サファリラリーを、1992年にはアトラスラリーで総合優勝を獲得した。

　1993年に入るとそれまで個々に開催されていたイベントを統合した国際シリーズ、クロスカントリーラリー・ワールドカップ（CCR）がスタート、三菱もフル参戦を果たしていた。残念ながらドライバーズ部門はジャン-ピエール・フォントネのランキング3位が三菱勢の最高位で、マニュファクチャラーズ部門においてもランキング2位と惜敗したものの、三菱はチュニジアラリー、ア

トラスラリー、バハ・サルディニア、バハ・スペインを制するなど計4勝をマークした。

1994年からはCCRへのシリーズ参戦を見合わせ、ダカールラリーへの開発テストを目的に一部のイベントのみにスポット参戦することとなったが、アトラスラリーで2位入賞し、オーストラリアン・サファリラリーも制覇。フォントネがドライバーズ部門でランキング2位、三菱がマニュファクチャラーズ部門で2位に輝いた。

その後も三菱は1995年のオーストラリアン・サファリラリーを制し、1996年にアトラスラリーで2位、UAEデザートチャレンジで総合優勝、1997年にはオーストラリアン・サファリラリーで総合優勝を獲得するなどクロスカントリーラリーで活躍した。

さらに三菱はパジェロの熟成を図るべく、1998年よりCCRへのシリーズ参戦を再開した。第2戦のイタリアン・バハ、第3戦のチュニジアラリー、第4戦のアトラスラリーで2位、第7戦のUAEデザートチャレンジで3位に着けた篠塚がドライバーズ部門でランキング2位に輝くとともに、フォントネが最終戦のUAEデザートチャレンジで総合優勝を獲得したことで三菱がマニュファクチャラーズ部門でチャンピオンに輝いた。

1999年も第2戦のイタリアン・バハで優勝、第3戦のチュニジアラリーで2位、アルゼンチンを舞台にした第7戦のポーラス・パンパスラリーで2位、最終戦のUAEデザートチャレンジで2位と常にトップ争いを展開した篠塚がドライバーズ部門でランキング2位を獲得した。さらに第4戦のバハ・ポルトガルでストラーダを駆るカルロス・スーザが総合優勝を獲得したことにより、三菱が2年連続でマニュファクチャラーズ部門のタイトルを獲

得した。

2000年はダカールラリーと同様に2輪駆動のプロトタイプマシン、シュレッサー・バキーが台頭したことから三菱の勝利は篠塚による第8戦のポーラス・パンパスラリーのみとなったが、第3戦のラリーチュニジア、第6戦のバハ・エスパニア、第7戦のマスターラリーで2位となっていたユタ・クラインシュミットが第8戦のポーラス・パンパスラリーでシーズン4度目の2位入賞を果たすほか、第4戦のモロッコラリーで2位となっていたフォントネが第8戦では3位に続いたことで三菱勢が1-2-3フィニッシュを達成した。さらに最終戦のUAEデザートチャレンジでは篠塚が3位に着けるなど上位入賞でシーズンを締め括った。

その甲斐あってか、2000年のCCRで高い安定性を誇ったクラインシュミットが2001年の開幕戦となるダカールラリーで勝利して、その勢いは終盤戦まで続いた。第2戦のイタリアン・バハを制して2連勝を達成すると、第4戦のモロッコラリー、第5戦のバハ・ポルトガル、第7戦のマスターラリー、第8戦のポーラス・パンパスラリーで2位に着けたことでクラインシュミットがランキング2位を獲得した。さらにスーザがストラーダを武器にバハ・ポルトガルを制し、第6戦のバハ・スペインで2位に入賞したことから、三菱はマニュファクチャラーズ部門でチャンピオンに輝いた。

2002年はシュレッサー・バキーの躍進で無冠に終わるものの、それでも第2戦のチュニジアラリーおよび最終戦のUAEデザートチャレンジでステファン・ペテランセルが総合優勝を獲得、第3戦のバハ・ポルトガルではストラーダを駆るスーザが大会2連覇を果たすなど、三菱は主要なイベントを攻略した。その勢いは2003年も衰えるこ

とはなかった。2003年のダカールラリーで2連覇を達成した増岡浩が開幕戦のイタリアン・バハを制すると、第3戦のバハ・ポルトガルではスーザが大会3連覇を達成。第6戦のオリエントラリーでもスーザが総合優勝を獲得したことで、スーザが2003年のCCRチャンピオンに輝いたほか、最終戦のUAEデザートチャレンジではペテランセルが大会2連覇を達成しシーズンを締め括った。

　このUAEデザートチャレンジでの2連覇で手応えを掴んでいたのだろう。ペテランセルは2004

2004年バハ・ポルトガル。ダカールラリーより距離は短いものの、三菱は実践のなかでパジェロの熟成を図っていた。カルロス・スーザが同大会を制覇。

2004年UAEデザートチャレンジ。日本人ドライバーの増岡浩が同大会でウイナーに輝いた。

2004年チュニジアラリー。三菱はダカールラリーへのテストを兼ねて、積極的にクロスカントリーラリー・ワールドカップに参戦。2004年のダカールラリー制したステファン・ペテランセルがチュニジア戦を制覇。

年のダカールラリーを制すると同年のCCRでも
破竹の勢いで勝利を重ねた。第2戦のチュニジア
ラリーでシーズン初優勝を獲得すると第4戦のモ
ロッコラリーで2勝目を獲得。さらにスーザが第
3戦のバハ・ポルトガルを、増岡が第7戦のUAEデ
ザートチャレンジを制するなど好調のペテラン
セルに続いて、チームメイトたちも各ラウンドで
トップ争いを繰り広げた。

　「ワールドカップはあくまでもテスト的な位置づ
けでパリダカが本番だった。メンタル的にはワー
ルドカップのほうがラクだったけど、マシンのパ
フォーマンスを確認するためにワールドカップの
ほうが極限まで攻めていた」と語る増岡の言葉の
とおり、三菱はCCRの参戦でパジェロを熟成させ
ていた。その結果、翌年のダカールラリーで躍進
するなど三菱はCCRとダカールラリーで好循環を
見せており、その流れは2005年以降も続いた。

　2005年のダカールラリーで大会2連覇を果たし
たペテランセルがCCR開幕戦のポーラス・パンパ
スラリーで2位に着けると、第2戦のチュニジアラ
リーではリュック・アルファンがCCRで自身初優
勝を獲得。さらに最終戦のUAEデザートチャレン

2005年チュニジアラリー。リュック・アルファンが同大会で、ク
ロスカントリーラリー・ワールドカップでの自身初優勝を獲得した。

ジではペテランセルが総合優勝を獲得しており、
三菱勢が大会4連覇を達成した。

　2006年もダカールラリーを制したアルファンが
開幕戦のポーラス・パンパスラリーで総合優勝を
獲得すると、ペテランセルが第2戦のチュニジア
ラリーを制覇。第4戦のモロッコラリーではホア
ン・ナニ・ロマのコドライバーを担当していたア
ンリ・マーニュが競技中の事故で他界するアクシ
デントがあったが、最終戦のUAEデザートチャレ
ンジではアルファンが優勝、ペテランセルが2位
で1-2フィニッシュを達成し、三菱がマニュファク
チャラーズ部門でタイトルを獲得した。

2005年UAEデザートチャレンジ。ステファン
ペテランセルが同大会を制覇、三菱が大会4連覇
達成した。

2006年ポーラス・パンパスラリー。同年のダカールラリーを制したリュック・アルファンがクロスカントリーラリー・ワールドカップの緒戦を制覇。ホアン・ナニ・ロマが2位につけ、三菱勢が1-2フィニッシュを達成した。

2006年UAEデザートチャレンジ。ダカールラリーの前哨戦として開催される同大会でリュック・アルファンが優勝し、三菱が大会5連覇を達成。ステファン・ペテランセルが2位につけた。

　2007年のダカールラリーで大会7連覇、通算12勝目を獲得した三菱は同年のCCRにおいても好調な戦いを見せていた。第3戦のポーラス・パンパスラリーでアルファンが総合優勝を獲得すると、第5戦のUAEデザートチャレンジではペテランセルが総合優勝、三菱勢が大会6連覇を達成した。さらに同年のインターナショナルカップ・クロスカントリーバハ（CCB）に目を向けると第2戦のバハ・スペインでペテランセル、ロマが1-2フィニッシュを達成するなど三菱勢は各地のクロスカント

2007年UAEデザートチャレンジ。ステファン・ペテランセルが優勝、三菱が大会6連覇を達成。

2007年ポーラス・パンパスラリー。リュック・アルファンが優勝。

2007年バハ・スペイン。ステファン・ペテランセルが同大会を制覇。三菱はインターナショナルカップ・クロスカントリーバハでも活躍した。

2008年バハ・ポルトガル。三菱はニューマシン、レーシングランサーを投入。ステファン・ペテランセルが優勝を獲得したが、これが三菱にとってクロスカントリーラリーでの最後の勝利となった。

リーラリーで猛威を発揮していた。

　パジェロの最終イヤーとなった2008年はモーリタニアの治安悪化によりダカールラリーが中止となるものの、アルファンがポルトガルで開催されたCCR第2戦のトランスイベリコラリーで、ペテランセルがパジェロのラストランとなったダカールシリーズ第2戦のパックスラリーで総合優勝を獲得した。そして、CCBの最終戦として開催されたバハ・ポルトガルではペテランセルがニューマシン、レーシングランサーで総合優勝を獲得したが、これが三菱にとってクロスカントリーラリーでの最後の勝利となった。南米を舞台にした2009年のダカールラリーでロマの10位が最高位となった三菱は、同イベントをもってワークス活動を終了。このように三菱はダカールラリーで通算12勝を挙げるほか、様々な国際イベントを制することによりクロスカントリーラリーの名門として定着したのであった。

2008年パックスラリー。パジェロのラストランとなった同大会で、ステファン・ペテランセルが優勝。パジェロが有終の美を飾った。

国内外のレース競技における活躍
JTC、スーパー耐久で躍進

1962年にツーリングカーレース、1966年からはフォーミュラレースへの参戦を開始するなど、黎明期はサーキットを舞台とするレース競技で活躍した三菱。当時の社会情勢を受けて1971年にレース活動を休止したものの、ラリー競技は1977年まで活動を続け、1981年にはWRCへ復帰参戦、1983年からはダカールラリーへ新規参戦を開始したことから、三菱のモータースポーツといえばラリー競技を中心としたイメージが強い。しかし、その一方で三菱はその後、サーキットを舞台にしたレース競技にも復帰しており、1980年代の中盤からは国内外のレースシーンで活躍していた。

なかでも、三菱が最も素晴らしい活躍を見せたのが、全日本ツーリングカー選手権のJTCだった。1982年にFIAが新設したグループA規定は国際シリーズのほか、各国のシリーズにも導入されるようになり、日本でも1985年にグループA規定によるJTCがスタートした。グループA仕様車は市販モデルと変わらないスタイリングでレースファンの注目度が高く、日本の自動車メーカーも相次いでJTCに参入。そして、ラリーで活躍していた三菱も参戦を開始した。

主力モデルは2.0Lのターボエンジンを搭載したFRスポーツ、スタリオンターボで、1984年には海外のプライベーターチームがレースシーンに投入。オーストラリアのプロダクションカー選手権やアメリカのSCCAネルソン・レッジス24時間レースで勝利を獲得するなど数多くの実績を残していた。それだけにJTCのデビュー戦となった1985年の最終戦、富士スピードウェイを舞台に開

催されたインターTECでも多くの注目を集めていたのだが、三菱ファンの期待に応えるかのようにスタリオンターボは4位で完走を果たした。さらに1986年にフル参戦を開始するとSUGOで3位、鈴鹿で2位、そして、参戦から4戦目となる筑波では初優勝を獲得し、メイクスランキングで2位を獲得。同年のマカオGPのギヤレースでも総合4位で完走を果たし、日本車の最高位に輝いていた。

スタリオンターボの最高出力は265psで、ライバル車両と比べても決してパワフルなマシンではなかったが、トルク性能に優れており、1987年も三菱陣営は開幕2連勝を達成するなど素晴らしい走りを披露し、メイクスランキングで3位に着けていた。残念ながら三菱にとって最後のJTCシリーズとなった1988年は未勝利に終わるものの、激戦のJTCで計3勝をマークしたことでサーキットにおいても三菱車のパフォーマンスを証明した。

こうしてレースシーンにおいても活動を再開し、スタリオンターボを武器に各国の最高峰シリーズでトップ争いを繰り広げた三菱は、その一方で、1985年にミラージュ・インターナショナル・ラリーアートカップ・シリーズを設立するなどワンメイクレースの開催にも力を注いでいた。これは、3ドアハッチバックのC13AM型ミラージュターボを使用したレースで、三菱のモータースポーツ関連子会社、ラリーアートがシリーズを運営。開催初年度のラウンド数は6戦で、マシンはエアロパーツの採用で精悍なフォルムに仕上がっていた。40台以上が参戦し、年間優秀選手にはマカオGPのミラージュ・ワンメイクレースへの出場権が与えられていた。マシンはコンパクトながらハイパワーのターボエンジンを搭載、他のワンメイクレースよりもハイレベルで、しかも、イ

コールコンディションとなっていたことから常に白熱したバトルが展開されていた。同シリーズは人気が高く、設立2年目の1986年にミラージュ・フレッシュマン・シリーズが新設され、翌1987年にミラージュ東北シリーズが加わるなど、ユーザーの要望に応えてミラージュを使用したワンメイクシリーズは拡大した。

1988年には市販車のモデルチェンジに合わせて、レース車両もC53A型の3代目ミラージュ・サイボーグに変更されることとなったが、ミラージュのワンメイクレースの人気は健在で3シリーズともに数多くのエントリーを集めていた。さらに1992年にはCA4A型のミラージュRSにベースモデルが切り替わり、エンジンもターボからNA、エクステリアもエアロパーツの装着を含めてボディ形状の変更が禁止されるなどレギュレーションが一新された。N1規定に合わせて改造範囲が厳しく制限されるなど、より一層のイコールコンディション化が進められたことから、3シリーズともに各レースで異なるウイナーが誕生するなど、より競争的要素の高い、いわゆるコンペティティブなレースが展開された。

1996年にCJ4A型の4代目ミラージュRSが導入されてからも、改造パーツは指定部品のみに限られるなど伝統のイコールコンディションは継承された。しかも、MIVEC 1.6Lの4G62型エンジンはレスポンス特性が向上したことから、より激しい接近戦が展開され、さらにエントラントも増加した。同年には最高峰のインターナショナルカップ、ビギナーを中心としたフレッシュマン・シリーズ、東北エリアを転戦する東北シリーズの既存の3シリーズに加えて、関西エリアを転戦する関西シリーズが新設されるなど活況を極めた。

このようにミラージュのワンメイクレースは1985年の設立以来、シリーズとエントラントを拡大したが、三菱を取り巻く経済環境が厳しくなったことにより1998年をもってミラージュによるワンメイクレースは終了した。世界的にみてもコンペティティブなカテゴリーとして人気を博していただけに、多くのファンに惜しまれながら、ミラージュのワンメイクレースは14年の歴史に終止符を打つこととなった。

このように最高峰シリーズからワンメイクまで多岐にわたってレース活動を行ってきた三菱だが、そのほかのシリーズでも多くの三菱ユーザーが活躍していた。そのなかで、欠かすことのできないトピックスとなるのが、1990年にスタートしたN1耐久シリーズだと言えるだろう。同シリーズは文字どおり、N1規定車両で争われる耐久レースで、1990年代は有力チームのテスト・アンド・サービスが最高峰のクラス1にスタリオンの後継モデル、GTOを投入。栄華を極めた日産R32スカイラインGT-Rのライバルとして活躍していた。

これと同時に1992年にランサーエボリューションがデビューするとN1耐久シリーズにも参戦するようになり、有力カスタマーチームのひとつ、RSオガワが1994年の同シリーズにランエボを投入。1995年にスーパーN1耐久と改称した後も三菱ユーザーがランエボで活躍しており、三好正己／松村康生らが1996年および1997年の同シリーズでクラス2のチャンピオンに輝いた。さらにスーパー耐久と改称した1998年にはテスト・アンド・サービスのランエボを駆る中谷明彦／小幡栄がクラス2で、1999年および2000年はRSオガワ、2001年にはテスト・アンド・サービスの中谷／木下隆之らがクラス2でチャンピオンとなった。

2012年スーパー耐久。RSオガワの大橋正登／阪口良平がランサーエボリューションを武器にクラス2で3連覇を達成。

その後も2003年および2004年、2006年および2007年と中谷／木下がクラス2で2度の2連覇を達成したほか、2008年には和田久／砂子塾長／HINOKI、2009年には峰尾恭輔／村田信博／高木真一らエンドレススポーツ勢がクラス2でタイトルを獲得するなど三菱ユーザーが最前線で活躍した。2010年から2012年にかけては大橋正澄／阪口良平らを中心とするRSオガワが3連覇を達成。

その後はタイトルこそ逃してはいるものの、シンリョウレーシングが2台のランエボⅤでトップ争いを展開するなど三菱ユーザーが活躍しており、レースシーンにおいても高いパフォーマンスを示している。

2021年スーパー耐久。ST-2クラスでは引き続き三菱ユーザーが活躍。シンリョウレーシングが2台のランサーエボリューションXを投入し、トップ争いを展開した。

EVおよびPHEVでの活動―パイクスピークおよびクロスカントリーラリーで躍進

　2009年のダカールラリーを最後にモータースポーツにおける全てのワークス活動を休止した三菱。その止まっていた針が再び動き出したのは、1962年のモータースポーツ初参戦からちょうど50年目となる2012年に入ってからだった。新たなるターゲットとなったのが、アメリカのコロラド州の国立公園を舞台に争われているパイクスピーク・インターナショナル・ヒルクライムで、三菱は電気自動車（EV）の技術開発および普及促進、知名度向上を果たすべく、同レースの電気自動車カテゴリーにプロトタイプカーのi-MiEVエボリューションと市販モデルのMitsubishi i（日本名：i-MiEV）を投入した。

　パイクスピーク・インターナショナル・ヒルクライムとは1916年にスタートした伝統のヒルクライムレースで、アメリカのモータースポーツとしては1911年にスタートしたインディ500に次いで2番目の歴史を誇る。舞台はアメリカ・コロラド州にあるロッキー山脈のパイクスピークで、"雲を目指すレース"の異名どおり、標高2862mのス

タート地点から、ゴールとなる標高4301mの山頂まで、全長20kmのワインディングロードでタイムアタックが展開されている。高低差1439m、平均勾配7%、コーナー数は156箇所と過酷なコースで、天候や気温、気圧も大きく変化する。なかでも、山頂に近づくに従って酸素濃度が希薄となることから、いかにエンジンパワーの低下を防ぐかが、パイクスピークにおけるマシン開発のポイントとなっている。電気自動車のリーディングカンパニーである三菱は酸素濃度の影響を受けないEVマシンを投入し、この攻略にチャレンジしたのである。

マシン開発を担当したのはこれまでダカールラリーでパジェロの開発を担い、ワークス活動休止後はEV要素の研究を行ってきた乙竹嘉彦で、「パイスクピークがどんな競技なのか、フォーマットや規則を調べるところからスタートしました」と開発当初を振り返る。加えてパイクスピークのコースが2012年よりオールターマックになったことから、「ターマックの経験がないので、WRCの担当者からサスペンションや駆動系のセッティングを教わりながら開発しました」と語る。パイクスピークはダカールラリーと比べると極めて少人数の体制だったが、かつてWRCでランサーの開発を担ってきた田中泰男、丸山晃が技術面でサポートしていた。その結果、三菱がマシン開発に着手したのは2011年の秋から暮れにかけてとワークス活動としては遅いスタートだったが、「パイクスピークも主力モデルはプロトタイプ。準備期間も少なくてかなりバタバタしましたが、パリダカでパジェロのプロトタイプの開発を経験していたので、なんとかクルマを仕上げることができました」と乙竹が語るように三菱初の競技用EVモデ

ル、i-MiEVエボリューションが完成した。

一方、i-MiEVエボリューションのドライバーに抜擢されたのが、2002年および2003年のダカールラリーで日本人初の総合2連覇を果たした砂漠の王者、増岡浩だった。ダカールラリーにおける実績からパイクスピークではチーム監督を兼任することとなったが、「パリダカがマラソンなら、パイクスピークは100m走みたいなもの。まったくの畑違いでパリダカと重なるものがパイクスピークには何もなかった。コースもアスファルトだし、クルマも車高が30cmのパジェロと違って、i-MiEVエボリューションは地を這うようなクルマだったからね。正直に言えば最初は自信がなかった」と増岡は苦笑いしながら当時の状況を振り返る。とはいえ、テストを重ねることで増岡は新天地に対応。同時にi-MiEVエボリューションも進化を重ねていった。

三菱のパイクスピークにおける活動は3年計画で、参戦1年目となる2012年のi-MiEVエボリューションはパイプフレーム製のシャーシにカーボン製のカウルを装着したプロトタイプカーだったが、同プロジェクトはEVカーのコンポーネントの先行評価が目的のひとつとなっていたことから、モーターやバッテリーは市販モデルのユニットが採用されていた。それでも同モデルはフロント1基、リヤ2基のモーターから構成される電動4WDシステムにより高い高速性能と優れた操縦性を実現。その仕上がりに増岡も「三菱の開発陣のすごいところは、初めてのカテゴリーなのに1年目からそれなりのマシンを作ってきたことだった。モーターもバッテリーも市販モデルのパーツだったけれど、いっさい手抜きはなかった」と好感触で、増岡は競技本番でも市販車ベースの

2012年パイクスピーク。三菱はi-MiEVエボリューションを投入した。

2012年パイクスピーク。ベッキー・ゴードンがステアリングを握るMitsubishi iはフロントバンパーを変更し、ロールバーを追加しただけの状態だったが、そのパフォーマンスの高さを証明した。

Mitsubishi iを駆る女性ドライバー、ベッキー・ゴードンとともに素晴らしい走りを披露していた。

　通常、パイクスピーク・インターナショナル・ヒルクライムは7月4日のアメリカ独立記念日の前後に開催されていたが、2012年の大会は山火事の影響により8月中旬に開催された。増岡は大会初日に行われた2回目の練習走行でクラッシュを演じたことから、大会2日目および3日目の練習走行はゴードン用のMitsubishi iで走行することとなったが、決勝では完璧に修復されたi-MiEVエボリューションで渾身のアタックを披露。増岡がEV

クラスで2位入賞を果たした。さらに、もう1台のEVカー、Mitsubishi iは市販モデルのi-MiEVをベースに空力性能を向上させるべく、フロントバンパーを変更し、ロールバーなどの安全装備を追加しただけのシンプルなマシンだったが、ゴードンがクラス6位で完走を果たしたことでEVカーの性能を証明した。

　こうしてモータースポーツ活動の再出発となるパイクスピーク・インターナショナル・ヒルクライムで素晴らしいスタートをきった三菱は2013年も活動を継続した。EVクラスはもちろんのこと、

2012年パイクスピーク。i-MiEVエボリューションを駆る増岡浩がEVクラスで2位に入賞。Mitsubishi iを駆るベッキー・ゴードンがEVクラス6位で完走を果たした。

総合優勝をターゲットに2台のニューマシン、MiEVエボリューションIIを投入した。

量産車両のパーツにこだわった2012年型のi-MiEVエボリューションに対して、同モデルでは80kWから100kWに出力をアップしたモーターを採用するなど先行開発の試作パーツを採用していた。さらにモーターの搭載数を3基から4基に増設したことでバッテリー容量も拡大されていた。

バッテリーの搭載位置に関しても左右にマウントした2012年型のi-MiEVエボリューションに対してMiEVエボリューションIIは床下に搭載するなど、さらに低重心化した。さらに同年よりスリックタイヤの装着が解禁されたことから、より旋回性能を向上させるべく、フロントアンダーパネルを採用するなど徹底的にエアロフォルムが追求されたことも同モデルの特徴だった。

そのほか、前後輪独立駆動、後左右輪独立駆動、ブレーキ制御で挙動の安定化を図る電子デバイス、S-AWC（スーパー・オール・ホイール・コントロール）の採用で操縦安定性が向上。マシン開発を担ったエンジニアの乙竹によれば「1年目でノウハウが吸収できたので、2年目のクルマは想定どおりの性能が出ていました」とのことで、その言葉どおり、ドライバー兼監督の増岡、チームメイトとして新たに加わったグレッグ・トレーシーともに練習走行から素晴らしい走りを披露していた。

まず、初日の練習走行で増岡がEVクラスのトップタイム、トレーシーが2番手タイムを叩き出すと、2日目の練習走行および予選ではパイクスピークの二輪部門で優勝経験を持つトレーシーがベストタイム、増岡が2番手タイムをマークした。さらに3日目の練習走行および予選でもト

2013年パイクスピーク。三菱は2台のMiEVエボリューションIIを投入したが、雨に祟られたことでトップ争いのチャンスを失った。それでも、増岡浩がEVクラス2位、グレッグ・トレーシーが同クラス3位に入賞した。

レーシーがトップ、増岡が2番手に着けるなど三菱勢は3日間連続でEVクラスの1-2フィニッシュを達成していた。競技4日目の練習走行では3度目のトップタイムを叩き出したトレーシーに対して、増岡は3番手タイムに後退するものの、「クルマが良かったので勝てると思っていた」とステアリングを握る増岡が語れば、エンジニアの乙竹も「調子が良かったので予選までは勝てると思っていました」と当時を回顧した。それだけに、パイクスピークでの初優勝が期待されていたのだが、決勝は予想外のハプニングに祟られることとなった。「出走30分前に天候が急変して雨になった。路面が濡れて勝負にはならなかった」と増岡が語るように三菱はスタート直前に雨に祟られ、セミスリックタイヤでタイムアタックを実施。両ドライバーともに素晴らしい走りを披露するものの、増岡がEVクラスで2位と惜敗するほか、トレーシーも3位で2013年のパイクスピークを終えることとなったのである。

まさに2013年のパイクスピークは天候に泣かされた大会となったが、そのリベンジを果たすべく、三菱は2014年の大会に2台のニューマシン、

MiEVエボリューションⅢを投入した。同モデルは2013年のMiEVエボリューションⅡと同様に大容量バッテリーと高出力モーター、前後4基のモーターによる4WDシステムを持つレーシングマシンで、専用パイプフレームの構造合理化と材料置換を図ることにより軽量化を実施。さらに4基の合計出力も400kWから450kWにモーターの高出力化を図り、タイヤも260/650-18から330/860-18へ大径化するなど大幅な改良が実施されていた。

もちろん、エアロダイナミクスに関しても風洞実験によりスポイラーなど細部の形状を最適化、車両運動統合制御システム、S-AWCの進化を図るなど細部の熟成も進んでいた。まさにMiEVエボリューションⅢは正常進化を果たしたアップグレードモデルで、エンジニアの乙竹によれば「2013年の経験で勝てるクルマ作りが見えてきたので、2014年はEVクラスの優勝のみならず、総合優勝に近づけるようなクルマを目指しました」と語った。事実、ステアリングを握るドライバー兼監督の増岡も「パリダカと違ってパイクスピークはコースが変わらないし、電動車の4WDは制御がやりやすいからね。とくに2014年のMiEVエ

ボリューションⅢはS-AWCの進化がすごかった。156箇所のコーナーがあっても前後の内輪差までデータがあるから、走っているといい意味で手応えがなくなるほどスムーズ。コースは恐いけれど乗っていて楽しかった」と高く評価していた。

チーム体制も増岡とともにトレーシーが残留するなど、両ドライバーともにEVレーシングカーに慣れたスペシャリストで、3度目のチャレンジとなる2014年の大会においても三菱陣営は序盤から素晴らしい走りを披露していた。初日の練習走行でトレーシーが電気自動車改造クラスでトップ、増岡が2番手に着けると予選をかねた2日目の練習走行でもトレーシー、増岡のオーダーで三菱が1-2体制を形成した。そして、3日目の練習走行でもトレーシーがトップタイム、増岡が2番手タイムを叩き出すなど絶好調の三菱陣営は決勝でもMiEVエボリューションⅢで渾身のアタックを披露。トレーシーが電気自動車改造クラスで優勝、増岡も同クラス2位につけ、1-2フィニッシュでパイクスピークでのクラス初優勝を獲得したのである。総合リザルトにおいても2位、3位に着けるなど、三菱勢はパイクスピークにおいて電気自動車のパ

2014年パイクスピーク。三菱は2台のMiEVエボリューションⅢを投入。グレッグ・トレーシーが電気自動車改造クラスを制した。

2014年パイクスピーク。グレッグ・トレーシー（左）が電気自動車改造クラスで優勝したほか、増岡浩（右）も同クラス2位に入賞。三菱勢が1-2フィニッシュを達成。総合リザルトにおいても2位、3位を獲得した。

フォーマンスを証明した。

　このように電気自動車を武器に伝統のヒルクライムレースで活躍するなど、再びモータースポーツの最前線に復帰した三菱は、その一方でラリー競技においても活動を再開させていた。パイクスピーク初挑戦から遅れること1年、三菱は大阪に拠点を置くチーム、TWO & FOURモータースポーツとともに2013年のアジアンクロスカントリーラリーにチャレンジした。主力モデルはアウトランダーPHEVで、世界に先駆けてプラグインハイブリッドEVをクロスカントリーラリーに投入したのである。

　アジアンクロスカントリーラリーとはFIAが公認するアジア最大のクロスカントリーラリーで、タイ王国を起点にアジア各国の山間部やジャングル、海岸、プランテーションを舞台に開催。18回目となる2013年の大会は、タイのパタヤからラオスにかけて、約2,000kmの行程で競技が争われていた。

　三菱がスペシャルパートナーとしてテクニカルサポートを実施するTWO & FOURモータースポーツは自動車関連会社を母体とするチームで、ドライバーを務める青木孝次、コドライバーの石田憲治はともに2004年、2005年、2007年の同大会でクラス優勝を獲得するなど経験が豊富だった。

　一方、主力モデルのアウトランダーPHEVは競技用サスペンションの採用やバッテリーパックの床下搭載、ロールゲージやアンダーガードの装着、シーリング強化やシュノーケル（吸気用ダクト）などの水回り対策を除けばほぼノーマルの状態だったが、ツインモーター4WDおよび車両運動統合制御システム、S-AWCを武器にTWO & FOURモータースポーツのアウトランダーPHEVは序盤から素晴らしい走りを披露していた。レグ1こそ総

2013年アジアンクロスカントリーラリー。三菱はスペシャルパートナーとしてTWO & FOURモータースポーツをサポート。同チームのアウトランダーPHEVは総合17位、T1Eクラス1位で完走を果たした。

2013年アジアンクロスカントリーラリー。主力モデルとなったアウトランダーPHEVは競技用サスペンションやバッテリーパックの床下搭載、ロールゲージやアンダーカードの装着、シーリング強化やシュノーケルの装着を除けばほぼノーマルの状態だったが、過酷なラリーを走破した。

合18番手に出遅れるものの、レグ2で総合15番手に浮上。SS4でサスペンションを破損したためレグ4終了時には総合17番手に後退し、総合17位で完走を果たしたが、T1Eクラスで勝利を獲得したのである。

同チームはタイのパタヤからカンボジアのプノンペンにかけて争われた2014年の第19回アジアンクロスカントリーラリーにも参戦しており、引き続き三菱が競技車両のアウトランダーPHEVのテクニカルサポートを実施していた。2014年型の

2014年アジアンクロスカントリーラリー。TWO & FOURモータースポーツのアウトランダーPHEVは総合14位で完走。T1Eクラスで2連覇を達成した。

2014年オーストラリアン・サファリ。三菱ラリーアート・オーストラリアがアウトランダーPHEVを投入。総合19位で完走したほか、市販車ハイブリッドクラスで勝利を獲得した。

競技モデルは悪路での走破性を高めるべく車高をアップし、内装部品の改良で約100kgの軽量化を実現するなど細部まで熟成されていた。チーム体制もドライバーの青木をそのままにコドライバーをタイ出身のバード・ウチャイに変更するなどソフト面も強化。その結果、TWO & FOURモータースポーツのアウトランダーPHEVは競技初日のプロローグランで11番手に、レグ1で13番手、レグ2で12番手、レグ3で11番手に着けるなど序盤から安定した走りを披露していた。競技6日目のレグ5は路面状況が過酷であり、オンコースでの走行を諦めて迂回ルートを選択して、総合15番手に後退したものの、総合14位で完走。こうして、TWO & FOURモータースポーツのアウトランダーPHEVはT1Eクラスで2連覇を達成した。

そのほか、三菱は2014年、オーストラリアン・サファリに出場した三菱ラリーアート・オーストラリアもサポート。同イベントはオーストラリア西部のパースからカルバリを舞台とする総走行距離3,529kmの過酷なイベントだったが、アウトランダーPHEVを武器に総合19位で完走を果たし、市販車ハイブリッドクラスを制覇した。

こうして電気自動車を武器にパイクスピークで猛威を発揮した三菱は、プラグインハイブリッド車両を武器にクロスカントリーラリー競技でも活躍していたのだが、アウトラウンダーPHEVでのモータースポーツ活動のハイライトとなったのが、なんといっても2015年10月に開催されたバハ・ポルタレグレ500にほかならない。ダカールラリーで計12勝を挙げている三菱のワークスチームが、2009年のダカールラリー以来、6年ぶりに国際ラリーシーンに復帰したのである。

バハ・ポルタレグレ500はポルトガル東部のポルタレグレを舞台に1980年代後半より開催されているクロスカントリー競技で、丘陵地にハイスピードかつ激しいアップダウンを持つグラベルステージを設定。スプリントラリー競技に近いルート設定ながら、その距離は2日間で500kmの長丁場で、2015年の大会はFIAが主管するクロスカントリーラリー・ワールドカップの最終戦として開催された。

ドライバー兼チーム監督は2002年および2003年のダカールラリーの王者である増岡で、WRCでランサーの開発を担当してきた開発本部EV要素

研究部の田中泰男がテクニカルディレクターを担当。さらに全日本ラリー選手権やプロダクションカー世界ラリー選手権（PWCR）で豊富な実績を持つタスカエンジニアリングがメンテナンスを担当するなど豪華な体制だった。

同大会における三菱の狙いはPHEVシステムの先行開発ならびにデータ収集が目的だったが、過酷なラリーを走破すべく、主力モデルとなるアウトランダーPHEVには三菱のラリー経験が随所に注ぎこまれていた。

まず、オーバーフェンダーの採用で全幅を拡大し、前後のバンパーも専用モデルを採用。さらに軽量化を追求すべく、ボンネットフードやリヤゲート、サイドウインドウの材質を変更するなどボディパネルの改良が実施されていた。これと合わせて長距離走行に備えてバッテリーの容量および電圧のアップ、モーターの出力やジェネレーターのサイズアップを図るなどEVシステムの強化を実施。さらにダンパーはサスペンションストロークを拡大した競技用モデルで、ブレーキも競技専用のシステムが採用されていた。

当時のFIA競技にはPHEVクラスの設定が行われていなかったことから、三菱は国内部門でエントリーしていたが、増岡がステアリングを握るアウトランダーPHEVは5.62kmのSS1で2番手タイムをマークしたほか、83.15kmのSS2でも3番手タイムをマーク。「バッテリーは余裕があったけれど、様子を見ながら走っていた」と語りながらも増岡はトップから1分45秒差の3番手でレグ1をフィニッシュしていた。

2015年バハ・ポルタレグレ500。増岡浩がドライバー兼チーム監督を担当。PHEVのクラス設定がなかったことから三菱は国内部門でエントリー。SS3のヒューズトラブルで総合19位に終わったが、アウトランダーPHEVは好タイムを連発していた。

2015年バハ・ポルタレグレ500。三菱がワークスチームとして2009年のダカールラリー以来、6年ぶりに国際ラリーシーンに復帰。メンテナンスはタスカエンジニアリングが担当した。

2015年バハ・ポルタレグレ500。増岡浩（左）がドライバー兼チーム監督を担当。WRCでランサーの開発を担ってきた開発本部EV要素研究部の田中泰男（右）がテクニカルディレクターを担当した。

　それだけにレグ2でも三菱の躍進が期待されていたのだが、144.13kmのSS3で予想外のハプニングが発生した。「いいスタートが切れたのだけれどね。60km地点で突然ストップした」と語るように、増岡のアウトランダーPHEVは動かなくなった。

　とはいえ、ダカールラリーで豊富な経験を持つ三菱は、クイックアシスタンスがすぐにマシンを回収し、サービスへ帰還してトラブルの原因を追及。テクニカルディレクターの田中によれば「12ボルトの発電系統のヒューズが原因でした」とのことで、素早くマシンを修復し、イベント最長距離の200.95kmを有する最終ステージ、SS4に出走を果たした。

　その結果、「抑えて走ったけれど、モーターは常にマックストルクが出せるのでラクに走れた」と増岡が語るようにアウトランダーPHEVは2番手タイムをマーク。再出走となったことで大幅なペナルティを受け、最終的なリザルトは総合19位に終

わった。それでも、「残念な結果になったけれど、PHEVはラリーに向いていることが分かったし、多くのデータを得ることができた」と増岡が語るように多くの手応えを掴んでいた

　復帰戦を終えた増岡は「モーターなら常にマックストルクが出せるのでドライビングがしやすいし、最新の熱対策もうまく行っていたと思います。軽量化やサスペンションの改良など課題は多いけれど、2016年もクロスカントリーラリー・ワールドカップへの参戦を継続して、4戦ぐらいスポット参戦しながらマシンを開発していきたい」と2016年の目標を語っていたのだが、残念ながら、2015年に参戦したラリー・ポルタレグレ500が三菱のワークスチームとしては最後の活動となった。2016年に発覚した軽自動車の燃費データの不正問題を受け、三菱はまたしてもモータースポーツ活動を停止することとなったのである。

第4章

ダカールラリーにおける成功の原動力

進化を続けた名車・パジェロと
エンジニアの育成

　1983年の第5回ダカールラリーで初出場を果たし、2009年の第31回大会で活動を終了した三菱は2007年の第29回大会で7連覇を達成し、通算12回の総合優勝を獲得。前人未踏の記録を打ち立ててきただけに、三菱はダカールラリー史上で最も成功した自動車メーカーと言えるのだが、なぜ三菱は、このクロスカントリーラリーの最高峰イベントにおいてフロントランナーとして走り続けることができたのだろうか。

　筆者が思うに、その要素のひとつとして長きにわたって参戦し続けたことがあるだろう。1987年から1990年にかけて4連覇を果たしたプジョーはわずか4年、1991年にデビューウィンを獲得、1994年から1996年にかけて3連覇を果たすなど計4勝を獲得したシトロエンもわずか6年で活動を休止したが、三菱は27年にわたって参戦し続けた。「走り続けてきたことが成功に繋がった」と語るのは1997年の大会で日本人初のウイナーに輝いた篠塚建次郎で、その言葉どおり多くのメーカーが撤退するなか、三菱は時に大幅なレギュレーション変更に対応しながら、時にWRCをはじめとする他のモータースポーツ活動を休止しながらもダカールラリーへの参戦を継続してきた。「テストやテストイベントを含めて徹底的に部品のライフ

管理を行ってきたことが三菱の強さだと思う」と語る増岡浩は2002年および2003年にダカールラリーで2連覇を果たしたが、その言葉どおり、不屈のチャレンジで積み重ねた経験が三菱の栄光に繋がったと言えるだろう。

　加えてフランスの輸入代理店を務めていたソノート社、そして後に三菱のモータースポーツ活動統括会社、MMSPの母体となるソノート社の契約ガレージ、SBM（ソシエテ・ベルナール・マングレー）らフランスのチームスタッフも三菱のダカールラリーを語るときに欠かせない存在と言っていい。「海外企画部の近藤（昭）さんが日本側のキーマンなら、近藤さんの企画を実行したブレーマーさんがフランス側のキーマンだった」と篠塚が語るように、ソノート社のウーリッヒ・ブレーマーが1983年の初参戦以来、チーム監督として計6回の総合優勝に三菱を導いた。残念ながらブレーマーは2001年9月に他界。「どんなアクシデントにもドミニクがテキパキと対応していた。本当にプロフェッショナルなチームだった」とエンジン開発を担当した幸田逸男が語るように、2002年からそのバトンを受け継いだドミニク・セリエスも6度の総合優勝を獲得するなど、三菱の黄金期を支え続けた功労者だった。

　彼ら2名の名将が率いたフランスのチームスタッフたちは技術的にも大きな影響を与えており、ダカールラリーにおいて車体開発を担ってき

た乙竹嘉彦は「日本人のエンジニアは理論を重視するのですが、フランス人のエンジニアは自由な発想を持っていたのでいろいろなアイデアを得ることができました。バランス良くお互いを補完していたと思います」と語る。さらに「彼らはヨーロッパにいるのでいろんな情報が集まりやすい。自分も彼らが見つけて来た最新のトレンドを試していました」と幸田が語るように、エンジン面においても日仏エンジニアの交流がプラスに働いていた。

同チームについて「三菱のパリダカチームが良かったことは、みんな同じメンバーでやっていたことも大きかった。どうしても人が変わるとリセットされてしまいますが、三菱は初参戦の1983年から最後の2009年までダカールラリーを戦い続けたメンバーもいるくらいで、基本的に顔ぶれが変わらなかった」と語るのは乙竹だが、このことはドライバーとともにエンジニアやメカニックなどスタッフの移籍が絶えないモータースポーツシーンにおいて実に珍しいエピソードである。

これについては幸田も「赤いシャツを着ていたと思ったら、次は青いシャツを着ていたりとモータースポーツではスタッフの移籍が多いのですが、三菱のパリダカチームはみんな同じメンバーで仲が良かった。フランスのガレージに行った時は全員との握手が日課になっていたし、ケータリングもみんなで同じ物を食べていた」と懐かしそうに当時の思い出を語る。「ファミリー的なチームだった」と乙竹が語るように、抜群のチームワークがあったからこそ、三菱は長年にわたってダカールラリーで活躍できたに違いない。

そして、三菱のダカールラリーでの栄光において最大の原動力となるのが、なんといっても主

力モデルのパジェロにほかならない。もともとパジェロはクロスカントリー競技に最適なベース車両で、車体開発を担ってきた乙竹は「パジェロはフロントミッドシップなので重量配分的に有利。それにエンジンが車体側に寄っていたのでフロントの鼻先を地面にぶつけにくいことも特徴でした」と語る。さらに乙竹によれば「量産車ではコストの問題など、いろいろなしばりがあるので新しい技術を試すことは難しいのですが、パリダカでは自由にテストすることができました。プロトタイプで試した新しい技術がパリダカでの実績に繋がり、後に量産モデルにコンポーネントとして採用されることも多かった」とのことで、三菱はこの名車をダカールラリーに投入することで進化を重ねていった。

なかでも、サスペンションの進化は著しく、1985年にリーフ式からコイル式に変更され、1991年にデビューした2代目パジェロより独立懸架式が採用されるなど、ダカールラリーで磨かれたシステムが市販モデルに採用された。そのほか、1999年の3代目パジェロからステアリングがそれまでのボールナット式からラックアンドピニオンに変更されているのだが、こちらもダカールラ

ダカールラリーで成功した理由は、主力モデルのパジェロにある。もともとフロントミッドシップで重量配分の面で有利だったが、1985年からはプロトタイプを投入。様々なチャレンジが実施されていた。

リーの経験で得たアイデアだった。

「1997年にプロトタイプが禁止されるまでエンジンは何を載せても良かったので、基本的に一番パフォーマンスの良かったターボエンジンを載せていました。その経験でターボの技術が進化しました。インタークーラーやピストンのコーティングを含めて後の生産車に活かされました」と幸田が語るようにエンジンもダカールラリーの挑戦で進化を続けた。そのほか、三菱はワークス活動と並行して市販車改造モデルや市販車無改造モデルで参戦するユーザーのサポートを行っていたことから、パーツの強度アップを含めて量産車へのフィードバックが行われていたこともポイントとなったに違いない。

このようにダカールラリーを通してパジェロは飛躍的に進化し、技術のフィードバックが市販車のパフォーマンスをアップさせ、その性能を武器にダカールラリーで躍進した。

これと同時に、三菱にとってダカールラリーにおける最大のフィードバックは人材の育成だったように思う。ラリーに限らず、モータースポーツシーンにおいては社外に組織を作り、量産車両と切り離して活動を展開するメーカーが多いなか、三菱は1960年代の黎明期から社内でマシン開発を実施。その流れはダカールラリーやWRCにも受け継がれており、岡崎にある研究部で車両およびエンジンの先行開発が行われてきた。

「他のメーカーよりも三菱は社内でモータースポーツ用の車両開発をやっているほうだと思います。周りに生産車の先行開発をやっているスペシャリストがいたので、何か困ったことがあったらすぐに担当者に聞くことができた」と語るのはダカールラリーで車両開発を担ってきた乙竹である。さらに、エンジン開発を担ってきた幸田も「モータースポーツの視点でしか見ていなかったので、量産車で基礎的なことを煮詰めている人からいろいろなことを学ぶことができた。生産車のアイデアがモータースポーツにフィードバックされていた」と語っている。つまり、社内開発には当時から多くのメリットがあったが、モータースポーツの最前線でエンジニアとして成長してきた彼らが、モータースポーツ活動を休止してからも開発の現場でこれまでの経験を発揮できたことも社内開発のメリットであり、モータースポーツ活

プロトタイプカーが禁止されたことから、1997年より市販車改造のパジェロT2を投入。改造範囲が狭くなったことから、エンジニアの乙竹嘉彦によれば「今まで考えなかった細かい部分も手に入れるようになりました」とのこと。その技術が生産モデルにフィードバックされた。

1997年10月、三菱は限定モデルのパジェロエボリューションをリリース。トレッドの拡大、リヤに独立懸架式サスペンションを採用するなど、ダカールラリーの経験が活かされていた。

動における最大のフィードバックと言えるのではないだろうか。

事実、三菱は電気自動車やプラグインハイブリッドのパイオニアとして、2012年よりパイクスピーク・インターナショナル・ヒルクライムやクロスカントリーラリー競技に参戦していたのだが、乙竹やかつてWRCでテクニカルディレクターを務めた田中泰男、エンジニアの丸山晃らがこれまで培った経験をフィードバックしていた。さらに「三菱はパリダカの時からずっと研究部がハンドリングをしていたので人が育ってきた。パイクスピークもこれと同じで、S-AWCのプログラミングをやっていたのは26歳の若いエンジニアだった。こういった人材が自動車メーカーの財産だと思う」と増岡が語るように、時代が変わっても若き技術者が最前線で活躍できたことが三菱の技術に繋がっているように思う。

一方、ダカールラリーおよびWRCでエンジン開発を担ってきた幸田はモータースポーツの現場を離れた後は、市販車の先行開発を担当していたが、「モータースポーツをやってきた経験から、"とがったクルマ"の研究をやっています」

と語るようにチャレンジングな姿勢は健在だった。彼らのようなモータースポーツを極めたエンジニアが次期モデルの研究を行ったことも三菱にとって、モータースポーツから市販車への大きなフィードバックだった。

三菱は2017年に新型コンパクトSUVの三菱エクリプスクロスをリリースした。新開発の直列4気筒1.5L直噴ターボや電子制御4WDシステム、さらに車両運動統合制御システムのS-AWC、2020年に追加されたPHEVモデルの2.4L MIVECエンジンと前後の高出力モーター、大容量駆動用バッテリーを組み合わせたPHEVシステムなどは、三菱がこれまでのモータースポーツで培った技術の賜物と言えるだろう。

この三菱エクリプスクロスをベースに、三菱の販売会社チーム、三菱モータースポーツ・スペインがT1プロトタイプカーを開発し、2019年のダカールラリーに参戦した。同マシンはスペースフレームにカーボンファイバー製ボディを採用、パワーソースのディーゼルエンジンも様々なモディファイが行われており、女性ドライバーのクリスティーナ・グティエレがクラス7位で完走。三菱

パイクスピークに3世代のMiEVエボリューションを投入。プロトタイプカーを投入することで、S-AWCの制御技術などハイテクデバイスが進化していった。写真は2014年仕様のMiEVエボリューションⅢ。

アウトランダーPHEVでも積極的にモータースポーツ活動を展開。バッテリーの容量や電圧のアップ、モーターの出力などが実戦のなかでテストされていた。この経験がのちに市販車へフィードバックされた。写真は2015年のバハ・ポルタレグレ500。

三菱が2017年にリリースしたコンパクトSUV、エクリプスクロス。モータースポーツ活動を休止して数年後のモデルだが、小排気量の直噴ターボエンジンやS-AWC、そしてPHEVなど、モータースポーツで培ってきた技術が注ぎ込まれている。

がモータースポーツシーンで蒔いてきた種は海を越えて世界へと渡り、新しい芽が息吹きつつある。

かつて、パジェロでダカールラリー、ランサーエーボリューションでWRCを席巻し、SUVおよび4WDスポーツの両マーケットを支配してきた三菱は、数年間の活動休止を経て、EVおよびPHEVを使用したまったく新しいフィールドでモータースポーツ活動に復帰した。残念ながらその活動は長くは続かなかったが、三菱は2021年5月に行われた決算報告会で「ラリーアート」の復活を発表した。ラリーアートは1984年に設立された三菱のモータースポーツの関連子会社で、WRCやダカールラリーなどのワークス活動を支えたほか、カスタマー向けにユーザーサポートなどを展開していたが、2010年3月をもって主要業務を休止していた。しかし、三菱らしさを具体化する取り組みの一環として、ラリーアートをブランドとして復活。事実、2022年1月に開催された東京オートサロンもおいて三菱は、ヴィジョン・ラリーアート・コンセプトを筆頭に、アウトランダー・ラリーアート・スタイル、エクリプスクロス・ラリーアート・スタイルと〝ラリーアート〟の名を

冠したモデルを出展しただけに、三菱がモータースポーツ活動で磨いてきた技術やアイデア、そして、チャレンジングな姿勢は市販モデルに注ぎ込まれていくに違いない。

さらに2022年のダカールラリーにはアウディが電動ドライブトレインのクロスカントリーラリー競技モデル、アウディRS Q e-tronを投入するなど、モータースポーツにおいてもカーボンニュートラルへの取り組みが進んでいるだけに、三菱のEVモデル／PHEVモデルが国際モータースポーツシーンに復帰する日もそう遠くはないだろう。

2021年5月、三菱は〝ラリーアート〟をブランドとして復活させることを発表。2022年の東京オートサロンには写真のヴィジョン・ラリーアート・コンセプトなどラリーアートの名を冠したモデルが出展されていた。

■ダカールラリーにおける三菱のリザルト　※総合順位欄の（　）内数字はクラス順位

●1983年／第5回「パリ～アルジェ～ダカールラリー」

総合順位	ドライバー／コドライバー	マシン	タイム（差）
1	J.イクス／C.ブラッスール	メルセデス280GE	13：07：48
2	A.トロサット／E.ブリボワーヌ	ラーダ・ニヴァ	+00：50：10
3	P.ラルティーグ／P.テスタイラツ	レンジ・ローバー	+05：09：00
11(1)	A.コーワン／C.マルキン	三菱パジェロ	+12：32：17
14(2)	G.ドビュッシュー／J.デラバル	三菱パジェロ	+14：38：54
30(5)	B.マングレー／L.プリン	三菱パジェロ	+24：54：08

●1984年／第6回「パリ～アルジェ～ダカールラリー」

総合順位	ドライバー／コドライバー	マシン	タイム（差）
1	R.メッジ／D.ルモアーヌ	ポルシェ911	16：58：55
2	P.ザニロリ／J-D.シルバ	レンジ・ローバー	+02：18：21
3(1)	A.コーワン／J.サイアー	三菱パジェロ	+03：28：09
7(2)	H.リガル／P.フォーティック	三菱パジェロ	+08：03：06
16	N.メトロ／M.ドラウノエ	三菱パジェロ	+16：56：22

●1985年／第7回「パリ～アルジェ～ダカールラリー」

総合順位	ドライバー／コドライバー	マシン	タイム（差）
1	P.ザニロリ／J-D.シルバ	三菱パジェロ	48：27：00
2	A.コーワン／J.サイアー	三菱パジェロ	+00：26：19
3	P.フージュルース／D.ジャックマード	トヨタ・ランドクルーザー	+05：34：32
23	B.フラウド／J-L.アラー	三菱パジェロ	+50：22：59

●1986年／第8回「パリ～アルジェ～ダカールラリー」

総合順位	ドライバー／コドライバー	マシン	タイム（差）
1	R.メッジ／D.ルモアーヌ	ポルシェ959	41：26：45
2	J.イクス／C.ブラッスール	ポルシェ959	+01：45：27
3	H.リガル／B.マイングレット	三菱パジェロ	+04：59：19
5	A.コーワン／J.サイアー	三菱パジェロ	+07：30：33
7	P.ザニロリ／J-D.シルバ	三菱パジェロ	+13：39：07
46(9)	篠塚建次郎／P.ボカンデ	三菱パジェロ	+58：33：04

●1987年／第9回「パリ～アルジェ～ダカールラリー」

総合順位	ドライバー／コドライバー	マシン	タイム（差）
1	A.バタネン／B.ジロークス	プジョー205	55：25：54
2	P.ザニロリ／A.ロペス	レンジ・ローバー	+01：15：36
3	篠塚建次郎／J-C.フヌイユ	三菱パジェロ	+04：23：16
8	A.コーワン／J.サイアー	三菱パジェロ	+09：36：14
12	K.タイスターマン／M.タイスターマン	三菱パジェロ	+14：06：18
29	増岡浩／髙橋曠	三菱パジェロ	+27：55：36

●1988年／第10回「パリ～アルジェ～ダカールラリー」

総合順位	ドライバー／コドライバー	マシン	タイム（差）
1	J.カンクネン／J.ピロネン	プジョー205	42：29：33
2	篠塚建次郎／H.マーニュ	三菱パジェロ	+02：51：44
3	P.タンベイ／D.ルモアーヌ	レンジローバー	+05：03：16
8(1)	K.タイスターマン／M.タイスターマン	三菱パジェロ	+09：53：23
12(2)	J-P.フォントネ／B.ムスマラ	三菱パジェロ	+12：37：36

●1989年／第11回「パリ～チュニス～ダカールラリー」

総合順位	ドライバー／コドライバー	マシン	タイム（差）
1	A.バタネン／B.ベルグルンド	プジョー405	26：04：47
2	J.イクス／C.ターリン	プジョー405	＋00：01：44
3	P.タンベイ／D.ルモアーヌ	三菱パジェロ	＋03：53：10
5	K.タイスターマン／M.タイスターマン	三菱パジェロ	＋06：30：11
6	篠塚建次郎／H.マーニュ	三菱パジェロ	＋07：01：31
7	J-P.フォントネ／B.ムスマラ	三菱パジェロ	＋08：25：42
10	J.ダ・シルバ／D.トーマス	三菱パジェロ	＋13：02：32

●1990年／第12回「パリ～トリポリ～ダカールラリー」

総合順位	ドライバー／コドライバー	マシン	タイム（差）
1	A.バタネン／B.ベルグルンド	プジョー405	39：08：59
2	B.ワルデガルド／J-C.フヌイユ	プジョー405	＋01：09：31
3	A.アンブロジーノ／A.バームガーター	プジョー405	＋03：56：46
4	A.コーワン／C.デルフェラー	三菱パジェロ	＋05：11：34
5	篠塚建次郎／H.マーニュ	三菱パジェロ	＋06：32：35
10(1)	増岡浩／J-P.オリゴ	三菱パジェロ	＋13：58：28

●1991年／第13回「パリ～トリポリ～ダカールラリー」

総合順位	ドライバー／コドライバー	マシン	タイム（差）
1	A.バタネン／B.ベルグルンド	シトロエンZX	32：20：50
2	P.ラルティーグ／P.デスタイラツ	三菱パジェロ	＋02：42：27
3	J-P.フォントネ／B.ムスマラ	三菱パジェロ	＋03：24：06
4	K.エリクソン／S.パーミンダ	三菱パジェロ	＋04：54：36
96	増岡浩／J-P.オリゴ	三菱パジェロ	＋70：48：35

●1992年／第14回「パリ～シルト～ケープタウンラリー」

総合順位	ドライバー／コドライバー	マシン	タイム（差）
1	H.オリオール／P.モネット	三菱パジェロ	20：42：30
2	E.ウェーバー／M.ヘイマー	三菱パジェロ	＋00：04：53
3	篠塚建次郎／H.マーニュ	三菱パジェロ	＋00：18：52
20	増岡浩／C.デルフェリー	三菱パジェロ	＋19：54：44

●1993年／第15回「パリ～タンジェ～ダカールラリー」

総合順位	ドライバー／コドライバー	マシン	タイム（差）
1	B.サビー／D.セリエス	三菱パジェロ	24：56：02
2	P.ラルティーグ／M.ペリン	シトロエンZX	＋01：09：45
3	H.オリオール／G.ピカール	シトロエンZX	＋04：02：08
4	E.ウェーバー／M.ヘイマー	三菱パジェロ	＋06：14：38
5	篠塚建次郎／H.マーニュ	三菱パジェロ	＋07：02：51
12	J-P.フォントネ／B.ムスマラ	三菱パジェロ	＋24：28：44

●1994年／第16回「パリ～ダカール～パリラリー」

総合順位	ドライバー／コドライバー	マシン	タイム（差）
1	P.ラルティーグ／M.ペリン	シトロエンZX	44：29：27
2	H.オリオール／G.ピカール	シトロエンZX	＋01：28：35
3	P.ヴァンベルグ／J-P.Cot	プロトタイプバギー	＋12：22：27
4(1)	増岡浩／C.デルフェリー	三菱パジェロ	＋14：34：51
10(1)	B-T.ハーケル／M.ヴァン	三菱パジェロ	＋18：36：14

●1995年／第17回「グラナダ～ダカールラリー」

総合順位	ドライバー／コドライバー	マシン	タイム（差）
1	P.ラルティーグ／M.ペリン	シトロエンZX	72：17：44
2	B.サビー／D.セリエス	三菱パジェロ	＋03：24：53
3	篠塚建次郎／H.マーニュ	三菱パジェロ	＋04：10：04
4	J-P.フォントネ／B.ムスマラ	三菱パジェロ	＋07：12：08
9(1)	S.ポンサワン／S.トゥル	三菱パジェロ	＋22：55：50
10(2)	増岡浩／A.シュルツ	三菱パジェロ	＋23：19：51

●1996年／第18回「グラナダ〜ダカールラリー」

総合順位	ドライバー／コドライバー	マシン	タイム（差）
1	P.ラルティーグ／M.ペリン	シトロエンZX	65：44：38
2	P.ヴァンベルグ／F.ギャラハー	シトロエンZX	+01：11：54
3	J-P.フォントネ／B.ムスマラ	三菱パジェロ	+01：42：13
6	増岡浩／A.シュルツ	三菱RVR	+06：26：20
7	B.サビー／D.セリエス	三菱パジェロ	+11：06：06
10(1)	J-P.ストゥルゴ／B.カタレッリ	三菱パジェロ	+23：38：51
17	篠塚建次郎／H.マーニュ	三菱パジェロ	+26：35：10

●1997年／第19回「ダカール〜アガデス〜ダカールラリー」

総合順位	ドライバー／コドライバー	マシン	タイム（差）
1	篠塚建次郎／H.マーニュ	三菱パジェロ	61：58：31
2	J-P.フォントネ／B.ムスマラ	三菱パジェロ	+00：04：16
3	B.サビー／D.セリエス	三菱パジェロ	+00：09：12
4	増岡浩／A.シュルツ	三菱チャレンジャー	+02：25：27
7	J-P.ストゥルゴ／B.カタレッリ	三菱パジェロ	+06：20：08
10(1)	C.スーザ／P.レイ	三菱パジェロ	+10：14：58

●1998年／第20回「パリ〜クラナダ〜ダカールラリー」

総合順位	ドライバー／コドライバー	マシン	タイム（差）
1	J-P.フォントネ／B.ムスマラ	三菱パジェロ	65：25：58
2	篠塚建次郎／H.マーニュ	三菱パジェロ	+01：45：44
3	B.サビー／D.セリエス	三菱パジェロ	+01：59：01
4	増岡浩／A.シュルツ	三菱チャレンジャー	+05：55：27
9(1)	M.プリエト／F.ジル	三菱パジェロ	+17：42：50
10(2)	B-T.ハーケル／M.ヴァン	三菱パジェロ	+23：28：05

●1999年／第21回「グラナダ〜ダカールラリー」

総合順位	ドライバー／コドライバー	マシン	タイム（差）
1	J-L.シュレッサー／P.モネ	シュレッサー・バギー	70：26：35
2	M.プリエト／D.セリエス	三菱パジェロ	+00：33：38
3	J.クラインシュミット／T.トーナー	三菱パジェロ	+01：42：02
4	篠塚建次郎／H.マーニュ	三菱パジェロ	+02：25：34
6	増岡浩／A.シュルツ	三菱チャレンジャー	+05：16：28
9	J-P.フォントネ／G.ピカール	三菱パジェロ	+08：32：39

●2000年／第22回「パリ〜ダカール〜カイロラリー」

総合順位	ドライバー／コドライバー	マシン	タイム（差）
1	J-L.シュレッサー／H.マーニュ	シュレッサー・バギー	45：06：03
2	S.ペテランセル／J-P.コトレット	メガ・デザート	+00：12：33
3	J-P.フォントネ／G.ピカール	三菱パジェロ	+00：27：33
5	J.クラインシュミット／T.トーナー	三菱パジェロ	+01：09：00
6	増岡浩／A.シュルツ	三菱パジェロ	+01：41：12
14(2)	K.コルバーグ／P.ラロック	三菱パジェロ	+08：43：42

●2001年／第23回「パリ〜ダカールラリー」

総合順位	ドライバー／コドライバー	マシン	タイム（差）
1	J.クラインシュミット／A.シュルツ	三菱パジェロ	70：42：06
2	増岡浩／P.メモン	三菱パジェロ	+00：02：39
3	J-L.シュレッサー／H.マーニュ	シュレッサー・バギー・ルノー・メガーヌ	+00：23：29
5	C.スーザ／J-M.ポラト	三菱ストラーダ	+02：08：30
6	J-P.フォントネ／G.ピカール	三菱パジェロ	+03：54：05

●2002年／第24回「アラス〜マドリッド〜ダカールラリー」

総合順位	ドライバー／コドライバー	マシン	タイム（差）
1	増岡浩／P.メモン	三菱パジェロ	46：11：30
2	J.クラインシュミット／A.シュルツ	三菱パジェロ	+00：22：01
3	篠塚建次郎／T.デリゾッティ	三菱パジェロ	+00：35：15
4	J-P.フォントネ／G.ピカール	三菱パジェロ	+01：37：30
5	C.スーザ／V.ジェスス	三菱ストラーダ	+05：20：57
6(1)	S.アルハジリ／M.スティーブンソン	三菱ストラーダ	+08：24：51
7(1)	L.アルファン／A.デブロン	三菱パジェロ	+10：40：02
8(2)	K.コルバーグ／P.ラロック	三菱パジェロ	+12：21：09
10(3)	N.ミスリン／J-M.ポラト	三菱パジェロ	+18：04：22

●2003年／第25回「マルセイユ〜シャルム・エル・シェイクラリー」

総合順位	ドライバー／コドライバー	マシン	タイム（差）
1	増岡浩／P.メモン	三菱パジェロエボリューション	49：08：52
2	J-P.フォントネ／G.ピカール	三菱パジェロ	+01：52：12
3	S.ペテランセル／J-P.コトレット	三菱パジェロエボリューション	+02：16：28
4	C.スーザ／H.マーニュ	三菱ストラーダ	+02：27：47
10(2)	J-L.モンテルド／R.トーナベル	三菱パジェロ	+09：08：19

●2004年／第26回「オーベルニュ〜ダカールラリー」

総合順位	ドライバー／コドライバー	マシン	タイム（差）
1	S.ペテランセル／J-P.コトレット	三菱パジェロエボリューション	53：47：37
2	増岡浩／G.ピカール	三菱パジェロエボリューション	+00：49：24
3	J-L.シュレッサー／J.M.ルーキン	シュレッサー・フォード	+03：00：33
4	L.アルファン／H.マーニュ	BMW X5	+03：55：58
5	A.マイヤー／A.シュルツ	三菱パジェロ	+05：46：17
10	N-S.アルアティヤ／M.パーソローム	三菱パジェロ	+10：01：28

●2005年／第27回「バルセロナ〜ダカールラリー」

総合順位	ドライバー／コドライバー	マシン	タイム（差）
1	S.ペテランセル／J-P.コトレット	三菱パジェロエボリューション	52：31：39
2	L.アルファン／G.ピカール	三菱パジェロエボリューション	+00：27：14
3	J.クラインシュミット／F.ポンス	フォルクスワーゲン・トゥアレグ	+03：22：00
6	J-N.ロマ／H.マーニュ	三菱パジェロエボリューション	+09：19：37

●2006年／第28回「リスボン〜ダカールラリー」

総合順位	ドライバー／コドライバー	マシン	タイム（差）
1	L.アルファン／G.ピカール	三菱パジェロエボリューション	53：47：32
2	G.ドゥビリエ／T.トーナー	フォルクスワーゲン・トゥアレグ	+00：17：53
3	J-N.ロマ／H.マーニュ	三菱パジェロエボリューション	+01：50：38
4	S.ペテランセル／J-P.コトレット	三菱パジェロエボリューション	+03：20：24

●2007年／第29回「リスボン〜ダカールラリー」

総合順位	ドライバー／コドライバー	マシン	タイム（差）
1	S.ペテランセル／J-P.コトレット	三菱パジェロエボリューション	45：53：37
2	L.アルファン／G.ピカール	三菱パジェロエボリューション	+00：07：26
3	J-L.シュレッサー／A.デブロン	シュレッサー・フォード	+01：33：57
5	増岡浩／P.メモン	三菱パジェロエボリューション	+02：44：31
13	J-N.ロマ／L-C.センラ	三菱パジェロエボリューション	+09：36：29

●2009年／第31回「ダカール アルゼンチン〜チリラリー」

総合順位	ドライバー／コドライバー	マシン	タイム（差）
1	G.ドゥビリエ／D-F.ツィツェビッツ	フォルクスワーゲン・トゥアレグ2	48：10：57
2	M.ミラー／R.ピッチフォード	フォルクスワーゲン・トゥアレグ2	+00：08：59
3	R.ゴードン／A.グリダー	ハマーH3	+01：46：15
7	M.ザプレタル／O.チュペンキン	三菱L200	+11：03：08
10	J-N.ロマ／L-C.センラ	三菱レーシングランサー	+17：27：46

■WRCにおける三菱のリザルト

開催年	ラウンド	イベント名	開催国	ドライバー／コドライバー	マシン	総合リザルト
1974年	第2戦	イーストアフリカンサファリラリー	ケニア	J.シン／D.ドイグ	三菱ランサー1600GSR	1位
1975年	第3戦	サファリラリー	ケニア	A.コーワン／J.ミッチェル	三菱ランサー1600GSR	4位
1976年	第4戦	サファリラリー	ケニア	J.シン／D.ドイグ	三菱ランサー1600GSR	1位
				R.ウリヤテ／C.バテス	三菱ランサー1600GSR	2位
				A.コーワン／S.ジョンストン	三菱ランサー1600GSR	3位
1977年	第4戦	サファリラリー	ケニア	A.コーワン／W.ポール	三菱ランサー1600GSR	4位
				J.シン／D.ドイグ	三菱ランサー1600GSR	5位
				D.シン／C.バテス	三菱ランサー1600GSR	6位
1981年	第6戦	アクロポリスラリー	ギリシャ	A.コーワン／J.サイアー	三菱ランサーEX2000ターボ	リタイア
				A.クーラング／B.ベルグンド	三菱ランサーEX2000ターボ	リタイア
	第9戦	1000湖ラリー	フィンランド	A.ライネ／J.ピローネン	三菱ランサーEX2000ターボ	10位
				K.J.ハマライネン／T.ヴァンハーラ	三菱ランサーEX2000ターボ	11位
				A.クーラング／B.ベルグンド	三菱ランサーEX2000ターボ	12位
	第12戦	RACラリー	イギリス	A.クーラング／B.ベルグンド	三菱ランサーEX2000ターボ	9位
				A.コーワン／D.タッカー	三菱ランサーEX2000ターボ	リタイア
1982年	第9戦	1000湖ラリー	フィンランド	P.アイリッカラ／J.ピローネン	三菱ランサーEX2000ターボ	3位
				A.クーラング／B.ベルグンド	三菱ランサーEX2000ターボ	リタイア
	第10戦	ラリーサンレモ	イタリア	A.クーラング／B.ベルグンド	三菱ランサーEX2000ターボ	7位
	第12戦	RACラリー	イギリス	P.アイリッカラ／J.ピローネン	三菱ランサーEX2000ターボ	リタイア
				A.クーラング／B.ベルグンド	三菱ランサーEX2000ターボ	リタイア
1983年	第9戦	1000湖ラリー	フィンランド	J.マルックラ／J.ハカネン	三菱ランサーEX2000ターボ	17位
				H.トイボネン／J.バージャネン	三菱ランサーEX2000ターボ	リタイア
	第12戦	RACラリー	イギリス	H.トイボネン／J.ダニエルス	三菱ランサーEX2000ターボ	リタイア
1988年	第13戦	RACラリー	イギリス	篠塚建次郎／J.メアドズ	三菱ギャランVR-4	26位
				A.バタネン／B.ベルグンド	三菱ギャランVR-4	リタイア
1989年	第2戦	ラリーモンテカルロ	モナコ	A.バタネン／B.ベルグンド	三菱ギャランVR-4	リタイア
	第3戦	ラリーポルトガル	ポルトガル	篠塚建次郎／J.メアドズ	三菱ギャランVR-4	18位
	第6戦	アクロポリスラリー	ギリシャ	J.マクレー／R.アーサー	三菱ギャランVR-4	4位
				篠塚建次郎／J.メアドズ	三菱ギャランVR-4	7位
				A.バタネン／B.ベルグンド	三菱ギャランVR-4	リタイア
	第7戦	ラリーニュージーランド	ニュージーランド	篠塚建次郎／F.ゴセンタス	三菱ギャランVR-4	6位
	第9戦	1000湖ラリー	フィンランド	M.エリクソン／C.ビルスターム	三菱ギャランVR-4	1位
				A.バタネン／B.ベルグンド	三菱ギャランVR-4	リタイア
				L.ランピ／P.クッカラ	三菱ギャランVR-4	リタイア
	第10戦	ラリーオーストラリア	オーストラリア	篠塚建次郎／F.ゴセンタス	三菱ギャランVR-4	7位
	第13戦	RACラリー	イギリス	P.アイリッカラ／R.マクナメー	三菱ギャランVR-4	1位
				A.バタネン／B.ベルグンド	三菱ギャランVR-4	5位
1990年	第1戦	ラリーモンテカルロ	モナコ	K.エリクソン／S.パーマンダー	三菱ギャランVR-4	リタイア
				A.バタネン／B.ベルグンド	三菱ギャランVR-4	リタイア
	第2戦	ラリーポルトガル	ポルトガル	A.バタネン／B.ベルグンド	三菱ギャランVR-4	リタイア
				K.エリクソン／S.パーマンダー	三菱ギャランVR-4	リタイア
	第3戦	サファリラリー	ケニア	篠塚建次郎／J.メアドーズ	三菱ギャランVR-4	5位
	第5戦	アクロポリスラリー	ギリシャ	A.バタネン／B.ベルグンド	三菱ギャランVR-4	リタイア
				K.エリクソン／S.パーマンダー	三菱ギャランVR-4	リタイア
	第6戦	ラリーニュージーランド	ニュージーランド	R.ダンカートン／F.ゴセンタス	三菱ギャランVR-4	4位
				T.マキネン／S.ハルヤンネ	三菱ギャランVR-4	6位
	第8戦	1000湖ラリー	フィンランド	A.バタネン／B.ベルグンド	三菱ギャランVR-4	2位
				K.エリクソン／S.パーマンダー	三菱ギャランVR-4	3位
				L.ランピ／P.クッカラ	三菱ギャランVR-4	7位
				T.マキネン／S.ハルヤンネ	三菱ギャランVR-4	11位

開催年	ラウンド	イベント名	開催国	ドライバー／コドライバー	マシン	総合リザルト
1990年	第9戦	ラリーオーストラリア	オーストラリア	T.マキネン／S.ハルヤンネ	三菱ギャランVR-4	7位
				K.エリクソン／S.パーマンダー	三菱ギャランVR-4	リタイア
	第10戦	ラリーサンレモ	イタリア	T.マキネン／S.ハルヤンネ	三菱ギャランVR-4	13位
	第11戦	ラリーコートジボワール	コートジボワール	P.トジャック／C.パピン	三菱ギャランVR-4	1位
				篠塚建次郎／J.メアドーズ	三菱ギャランVR-4	リタイア
	第12戦	RACラリー	イギリス	K.エリクソン／S.パーマンダー	三菱ギャランVR-4	2位
				A.バタネン／B.ベルグンド	三菱ギャランVR-4	リタイア
				T.マキネン／S.ハルヤンネ	三菱ギャランVR-4	リタイア
1991年	第1戦	ラリーモンテカルロ	モナコ	T.サロネン／V.シランダー	三菱ギャランVR-4	8位
				K.エリクソン／S.パーマンダー	三菱ギャランVR-4	リタイア
	第2戦	スウェディッシュラリー	スウェーデン	K.エリクソン／S.パーマンダー	三菱ギャランVR-4	1位
				L.ランピ／P.クッカラ	三菱ギャランVR-4	5位
				T.サロネン／V.シランダー	三菱ギャランVR-4	リタイア
	第4戦	サファリラリー	ケニア	篠塚建次郎／J.メアドーズ	三菱ギャランVR-4	8位
	第6戦	アクロポリスラリー	ギリシャ	K.エリクソン／S.パーマンダー	三菱ギャランVR-4	7位
				T.サロネン／V.シランダー	三菱ギャランVR-4	リタイア
	第7戦	ラリーニュージーランド	ニュージーランド	T.マキネン／S.ハルヤンネ	三菱ギャランVR-4	リタイア
				R.ダンカートン／F.ゴセンタス	三菱ギャランVR-4	リタイア
	第9戦	1000湖ラリー	フィンランド	K.エリクソン／S.パーマンダー	三菱ギャランVR-4	3位
				T.サロネン／V.シランダー	三菱ギャランVR-4	リタイア
	第10戦	ラリーオーストラリア	オーストラリア	K.エリクソン／S.パーマンダー	三菱ギャランVR-4	2位
				T.サロネン／V.シランダー	三菱ギャランVR-4	5位
				R.ダンカートン／F.ゴセンタス	三菱ギャランVR-4	7位
	第12戦	ラリーコートジボワール	コートジボワール	篠塚建次郎／J.メアドーズ	三菱ギャランVR-4	1位
				P.トジャック／C.パピン	三菱ギャランVR-4	2位
	第14戦	RACラリー	イギリス	K.エリクソン／S.パーマンダー	三菱ギャランVR-4	2位
				T.サロネン／V.シランダー	三菱ギャランVR-4	4位
				L.ランピ／P.クッカラ	三菱ギャランVR-4	リタイア
1992年	第1戦	ラリーモンテカルロ	モナコ	T.サロネン／V.シランダー	三菱ギャランVR-4	6位
				K.エリクソン／S.パーマンダー	三菱ギャランVR-4	リタイア
	第2戦	スウェディッシュラリー	スウェーデン	L.ランピ／P.クッカラ	三菱ギャランVR-4	8位
	第3戦	ラリーポルトガル	ポルトガル	T.サロネン／V.シランダー	三菱ギャランVR-4	5位
				K.エリクソン／S.パーマンダー	三菱ギャランVR-4	リタイア
	第4戦	サファリラリー	ケニア	篠塚建次郎／J.メアドーズ	三菱ギャランVR-4	10位
	第6戦	アクロポリスラリー	ギリシャ	K.エリクソン／S.パーマンダー	三菱ギャランVR-4	リタイア
	第7戦	ラリーニュージーランド	ニュージーランド	R.ダンカートン／F.ゴセンタス	三菱ギャランVR-4	3位
	第9戦	1000湖ラリー	フィンランド	L.ランピ／P.クッカラ	三菱ギャランVR-4	6位
				J.キトレート／A.カパネン	三菱ギャランVR-4	10位
	第10戦	ラリーオーストラリア	オーストラリア	R.ダンカートン／F.ゴセンタス	三菱ギャランVR-4	5位
	第12戦	ラリーコートジボワール	コートジボワール	篠塚建次郎／J.メアドーズ	三菱ギャランVR-4	1位
				P.トジャック／C.ボワイ	三菱ギャランVR-4	リタイア
	第14戦	RACラリー	イギリス	K.エリクソン／S.パーマンダー	三菱ギャランVR-4	7位
				L.ランピ／P.クッカラ	三菱ギャランVR-4	11位
1993年	第1戦	ラリーモンテカルロ	モナコ	K.エリクソン／S.パーマンダー	三菱ランサーエボリューションⅠ	4位
				A.シュワルツ／N.ガリスト	三菱ランサーエボリューションⅠ	6位
	第2戦	スウェディッシュラリー	スウェーデン	K.バックルンド／T.アンダーソン	三菱ギャランVR-4	8位
				J.キトレート／A.カパネン	三菱ギャランVR-4	9位
				O-S.ワルフリッドソン／B-G.オロプ	三菱ギャランVR-4	11位
	第3戦	ラリーポルトガル	ポルトガル	K.エリクソン／S.パーマンダー	三菱ランサーエボリューションⅠ	5位
	第4戦	サファリラリー	ケニア	篠塚建次郎／P.クッカラ	三菱ランサーエボリューションⅠ	リタイア
	第6戦	アクロポリスラリー	ギリシャ	A.シュワルツ／N.ガリスト	三菱ランサーエボリューションⅠ	3位
				K.エリクソン／S.パーマンダー	三菱ランサーエボリューションⅠ	リタイア

開催年	ラウンド	イベント名	開催国	ドライバー／コドライバー	マシン	総合リザルト
1993年	第8戦	ラリーニュージーランド	ニュージーランド	藤本吉郎／市野諮	三菱ランサーエボリューションI	10位
				R.ダンカートン／F.ゴセンタス	三菱ランサーエボリューションI	リタイア
	第9戦	1000湖ラリー	フィンランド	K.エリクソン／S.パーマンダー	三菱ランサーエボリューションI	5位
				L.ランピ／P.クッカラ	三菱ギャランVR-4	8位
				A.シュワルツ／N.ガリスト	三菱ランサーエボリューションI	9位
	第10戦	ラリーオーストラリア	オーストラリア	R.ダンカートン／F.ゴセンタス	三菱ランサーエボリューションI	4位
	第13戦	RACラリー	イギリス	K.エリクソン／S.パーマンダー	三菱ランサーエボリューションI	2位
				A.シュワルツ／N.ガリスト	三菱ランサーエボリューションI	8位
1994年	第1戦	ラリーモンテカルロ	モナコ	K.エリクソン／S.パーマンダー	三菱ランサーエボリューションI	5位
				A.シュワルツ／K.ウィッチャー	三菱ランサーエボリューションI	7位
	第3戦	サファリラリー	ケニア	篠塚建次郎／P.クッカラ	三菱ランサーエボリューションI	2位
	第5戦	アクロポリスラリー	ギリシャ	A.シュワルツ／K.ウィッチャー	三菱ランサーエボリューションI	2位
				K.エリクソン／S.パーマンダー	三菱ランサーエボリューションII	リタイア
	第6戦	ラリーアルゼンチーナ	アルゼンチン	J.リカルデ／C.マーティン	三菱ランサーエボリューションII	5位
				I.ホルダード／T.ターナー	三菱ランサーエボリューションII	8位
	第7戦	ラリーニュージーランド	ニュージーランド	A.シュワルツ／K.ウィッチャー	三菱ランサーエボリューションII	3位
				K.エリクソン／S.パーマンダー	三菱ランサーエボリューションII	4位
	第8戦	1000湖ラリー	フィンランド	L.ランピ／P.クッカラ	三菱ギャランVR-4	6位
				J.キトレート／A.カパネン	三菱ランサーエボリューションI	8位
	第9戦	ラリーサンレモ	イタリア	T.マキネン／S.ハルヤンネ	三菱ランサーエボリューションII	リタイア
				A.シュワルツ／K.ウィッチャー	三菱ランサーエボリューションII	リタイア
	第10戦	RACラリー	イギリス	I.ホルダード／T.ターナー	三菱ランサーエボリューションII	16位
1995年	第1戦	ラリーモンテカルロ	モナコ	T.マキネン／S.ハルヤンネ	三菱ランサーエボリューションII	4位
				A.アギーニ／S.ファーノッシャ	三菱ランサーエボリューションII	6位
	第2戦	スウェディッシュラリー	スウェーデン	K.エリクソン／S.パーマンダー	三菱ランサーエボリューションII	1位
				T.マキネン／S.ハルヤンネ	三菱ランサーエボリューションII	2位
	第4戦	ツール・ド・コルス	フランス	A.アギーニ／S.ファーノッシャ	三菱ランサーエボリューションIII	3位
				T.マキネン／S.ハルヤンネ	三菱ランサーエボリューションIII	8位
	第5戦	ラリーニュージーランド	ニュージーランド	K.エリクソン／S.パーマンダー	三菱ランサーエボリューションIII	5位
				E.オーディンスキー／M.スタシー	三菱ランサーエボリューションIII	11位
				T.マキネン／S.ハルヤンネ	三菱ランサーエボリューションIII	リタイア
	第6戦	ラリーオーストラリア	オーストラリア	K.エリクソン／S.パーマンダー	三菱ランサーエボリューションIII	1位
				T.マキネン／S.ハルヤンネ	三菱ランサーエボリューションIII	4位
	第7戦	ラリーカタルーニャ	スペイン	A.アギーニ／S.ファーノッシャ	三菱ランサーエボリューションIII	5位
				R.マデイラ／S-N.ロドリゲス	三菱ランサーエボリューションIII	11位
				T.マキネン／S.ハルヤンネ	三菱ランサーエボリューションIII	リタイア
	第8戦	RACラリー	イギリス	R.マデイラ／S-N.ロドリゲス	三菱ランサーエボリューションIII	7位
				K.エリクソン／S.パーマンダー	三菱ランサーエボリューションIII	リタイア
				T.マキネン／S.ハルヤンネ	三菱ランサーエボリューションIII	リタイア
1996年	第1戦	スウェディッシュラリー	モナコ	T.マキネン／S.ハルヤンネ	三菱ランサーエボリューションIII	1位
				K.バックルンド／T.アンダーソン	三菱ランサーエボリューションIII	14位
	第2戦	サファリラリー	ケニア	T.マキネン／S.ハルヤンネ	三菱ランサーエボリューションIII	1位
				篠塚建次郎／P.クッカラ	三菱ランサーエボリューションIII	6位
	第3戦	ラリーインドネシア	インドネシア	T.マキネン／S.ハルヤンネ	三菱ランサーエボリューションIII	リタイア
				R.バーンズ／R.レイド	三菱ランサーエボリューションIII	リタイア
	第4戦	アクロポリスラリー	ギリシャ	T.マキネン／S.ハルヤンネ	三菱ランサーエボリューションIII	2位
				U.ニッテル／T.ターナー	三菱ランサーエボリューションIII	14位
	第5戦	ラリーアルゼンチーナ	アルゼンチン	T.マキネン／S.ハルヤンネ	三菱ランサーエボリューションIII	1位
				R.バーンズ／R.レイド	三菱ランサーエボリューションIII	4位
				U.ニッテル／T.ターナー	三菱ランサーエボリューションIII	10位
	第6戦	1000湖ラリー	フィンランド	T.マキネン／S.ハルヤンネ	三菱ランサーエボリューションIII	1位
				L.ランピ／J.ステンルー	三菱ランサーエボリューションIII	8位

開催年	ラウンド	イベント名	開催国	ドライバー／コドライバー	マシン	総合リザルト
1996年	第7戦	ラリーオーストラリア	オーストラリア	T.マキネン／S.ハルヤンネ	三菱ランサーエボリューションⅢ	1位
				R.バーンズ／R.レイド	三菱ランサーエボリューションⅢ	5位
	第8戦	ラリーサンレモ	イタリア	D.オリオール／D.ジロウデ	三菱ランサーエボリューションⅢ	8位
				T.マキネン／S.ハルヤンネ	三菱ランサーエボリューションⅢ	リタイア
				U.ニッテル／T.ターナー	三菱ランサーエボリューションⅢ	リタイア
	第9戦	ラリーカタルーニャ	スペイン	T.マキネン／J.レポ	三菱ランサーエボリューションⅢ	5位
				R.バーンズ／R.レイド	三菱ランサーエボリューションⅢ	リタイア
1997年	第1戦	ラリーモンテカルロ	モナコ	T.マキネン／S.ハルヤンネ	三菱ランサーエボリューションⅣ	3位
				U.ニッテル／T.ターナー	三菱ランサーエボリューションⅢ	5位
	第2戦	スウェディッシュラリー	スウェーデン	T.マキネン／S.ハルヤンネ	三菱ランサーエボリューションⅣ	3位
				K.バックルンド／T.アンダーソン	三菱ランサーエボリューションⅢ	11位
				U.ニッテル／T.ターナー	三菱ランサーエボリューションⅣ	リタイア
	第3戦	サファリラリー	ケニア	R.バーンズ／R.レイド	三菱ランサーエボリューションⅣ	2位
				T.マキネン／S.ハルヤンネ	三菱ランサーエボリューションⅣ	リタイア
	第4戦	ラリーポルトガル	ポルトガル	T.マキネン／S.ハルヤンネ	三菱ランサーエボリューションⅣ	1位
				R.バーンズ／R.レイド	三菱ランサーエボリューションⅣ	リタイア
	第5戦	ラリーカタルーニャ	スペイン	T.マキネン／S.ハルヤンネ	三菱ランサーエボリューションⅣ	1位
				U.ニッテル／T.ターナー	三菱ランサーエボリューションⅢ	8位
	第6戦	ツール・ド・コルス	フランス	U.ニッテル／T.ターナー	三菱ランサーエボリューションⅢ	8位
				T.マキネン／S.ハルヤンネ	三菱ランサーエボリューションⅣ	リタイア
	第7戦	ラリーアルゼンチーナ	アルゼンチン	T.マキネン／S.ハルヤンネ	三菱ランサーエボリューションⅣ	1位
				R.バーンズ／R.レイド	三菱ランサーエボリューションⅣ	リタイア
	第8戦	アクロポリスラリー	ギリシャ	T.マキネン／S.ハルヤンネ	三菱ランリーエボリューションⅣ	3位
				R.バーンズ／R.レイド	三菱カリスマGTエボリューションⅣ	4位
				U.ニッテル／T.ターナー	三菱カリスマGTエボリューションⅣ	6位
	第9戦	ラリーニュージーランド	ニュージーランド	R.バーンズ／R.レイド	三菱カリスマGTエボリューションⅣ	4位
				T.マキネン／S.ハルヤンネ	三菱ランサーエボリューションⅣ	リタイア
	第10戦	ラリーフィンランド	フィンランド	T.マキネン／S.ハルヤンネ	三菱ランサーエボリューションⅣ	1位
				U.ニッテル／T.ターナー	三菱ランサーエボリューションⅢ	7位
	第11戦	ラリーインドネシア	インドネシア	R.バーンズ／R.レイド	三菱カリスマGTエボリューションⅣ	4位
				T.マキネン／S.ハルヤンネ	三菱ランサーエボリューションⅣ	リタイア
	第12戦	ラリーサンレモ	イタリア	T.マキネン／S.ハルヤンネ	三菱ランサーエボリューションⅣ	3位
				U.ニッテル／T.ターナー	三菱ランサーエボリューションⅣ	リタイヤ
	第13戦	ラリーオーストラリア	オーストラリア	T.マキネン／S.ハルヤンネ	三菱ランサーエボリューションⅣ	2位
				R.バーンズ／R.レイド	三菱カリスマGTエボリューションⅣ	4位
				E.オーディンスキー／M.スタシー	三菱ランサーエボリューションⅢ	6位
				篠塚建次郎／F.ゴセンタス	三菱ランサーエボリューションⅢ	リタイヤ
	第14戦	RACラリー	イギリス	R.バーンズ／R.レイド	三菱カリスマGTエボリューションⅣ	4位
				T.マキネン／S.ハルヤンネ	三菱ランサーエボリューションⅣ	6位
1998年	第1戦	ラリーモンテカルロ	モナコ	R.バーンズ／R.レイド	三菱カリスマGTエボリューションⅣ	5位
				U.ニッテル／T.ターナー	三菱カリスマGTエボリューションⅣ	7位
				T.マキネン／R.マニセンマキ	三菱ランサーエボリューションⅣ	リタイア
	第2戦	スウェディッシュラリー	スウェーデン	T.マキネン／R.マニセンマキ	三菱ランサーエボリューションⅣ	1位
				U.ニッテル／T.ターナー	三菱カリスマGTエボリューションⅣ	7位
				R.バーンズ／R.レイド	三菱カリスマGTエボリューションⅣ	15位
	第3戦	サファリラリー	ケニア	R.バーンズ／R.レイド	三菱カリスマGTエボリューションⅣ	1位
				T.マキネン／R.マニセンマキ	三菱ランサーエボリューションⅣ	リタイア
	第4戦	ラリーポルトガル	ポルトガル	R.バーンズ／R.レイド	三菱カリスマGTエボリューションⅣ	4位
				T.マキネン／R.マニセンマキ	三菱ランサーエボリューションⅣ	リタイア
	第5戦	ラリーカタルーニャ	スペイン	T.マキネン／R.マニセンマキ	三菱ランサーエボリューションⅤ	3位
				R.バーンズ／R.レイド	三菱カリスマGTエボリューションⅤ	4位
				U.ニッテル／T.ターナー	三菱カリスマGTエボリューションⅣ	9位

開催年	ラウンド	イベント名	開催国	ドライバー／コドライバー	マシン	総合リザルト
1998年	第6戦	ツール・ド・コルス	フランス	T.マキネン／R.マニセンマキ	三菱ランサーエボリューションV	リタイア
				R.バーンズ／R.レイド	三菱カリスマGTエボリューションV	リタイア
	第7戦	ラリーアルゼンチーナ	アルゼンチン	T.マキネン／R.マニセンマキ	三菱ランサーエボリューションV	1位
				R.バーンズ／R.レイド	三菱カリスマGTエボリューションV	4位
	第8戦	アクロポリスラリー	ギリシャ	T.マキネン／R.マニセンマキ	三菱ランサーエボリューションV	リタイア
				R.バーンズ／R.レイド	三菱カリスマGTエボリューションV	リタイア
	第9戦	ラリーニュージーランド	ニュージーランド	T.マキネン／R.マニセンマキ	三菱ランサーエボリューションV	3位
				片岡良宏／林哲	三菱ランサーエボリューションⅢ	8位
				R.バーンズ／R.レイド	三菱カリスマGTエボリューションV	9位
	第10戦	ラリーフィンランド	フィンランド	T.マキネン／R.マニセンマキ	三菱ランサーエボリューションV	1位
				R.バーンズ／R.レイド	三菱カリスマGTエボリューションV	5位
	第11戦	ラリーサンレモ	イタリア	T.マキネン／R.マニセンマキ	三菱ランサーエボリューションV	1位
				R.バーンズ／R.レイド	三菱カリスマGTエボリューションV	7位
	第12戦	ラリーオーストラリア	オーストラリア	T.マキネン／R.マニセンマキ	三菱ランサーエボリューションV	1位
				E.オーディンスキー／M.スタシー	三菱ランサーエボリューションⅢ	10位
				R.バーンズ／R.レイド	三菱カリスマGTエボリューションV	リタイア
	第13戦	ラリーGB	イギリス	R.バーンズ／R.レイド	三菱カリスマGTエボリューションV	1位
				T.マキネン／R.マニセンマキ	三菱ランサーエボリューションV	リタイア
1999年	第1戦	ラリーモンテカルロ	モナコ	T.マキネン／R.マニセンマキ	三菱ランサーエボリューションⅥ	1位
				F.ロイクス／S.スミーツ	三菱カリスマGTエボリューションⅥ	リタイア
	第2戦	スウェディッシュラリー	スウェーデン	T.マキネン／R.マニセンマキ	三菱ランサーエボリューションⅥ	1位
				F.ロイクス／S.スミーツ	三菱カリスマGTエボリューションⅥ	9位
	第3戦	サファリラリー	ケニア	H..アルーワイハビ／T.サーカム	三菱カリスマGTエボリューションⅥ	8位
				T.マキネン／R.マニセンマキ	三菱ランサーエボリューションⅥ	リタイア
				F.ロイクス／S.スミーツ	三菱カリスマGTエボリューションⅥ	リタイア
	第4戦	ラリーポルトガル	ポルトガル	T.マキネン／R.マニセンマキ	三菱ランサーエボリューションⅥ	5位
				M.グロンホルム／T.レーティネン	三菱カリスマGTエボリューションⅥ	リタイア
	第5戦	ラリーカタルーニャ	スペイン	T.マキネン／R.マニセンマキ	三菱ランサーエボリューションⅥ	3位
				F.ロイクス／S.スミーツ	三菱カリスマGTエボリューションⅥ	4位
	第6戦	ツール・ド・コルス	フランス	T.マキネン／R.マニセンマキ	三菱ランサーエボリューションⅥ	6位
				F.ロイクス／S.スミーツ	三菱カリスマGTエボリューションⅥ	8位
	第7戦	ラリーアルゼンチーナ	アルゼンチン	T.マキネン／R.マニセンマキ	三菱ランサーエボリューションⅥ	4位
				F.ロイクス／S.スミーツ	三菱カリスマGTエボリューションⅥ	リタイア
	第8戦	アクロポリスラリー	ギリシャ	T.マキネン／R.マニセンマキ	三菱ランサーエボリューションⅥ	3位
				F.ロイクス／S.スミーツ	三菱カリスマGTエボリューションⅥ	4位
	第9戦	ラリーニュージーランド	ニュージーランド	T.マキネン／R.マニセンマキ	三菱ランサーエボリューションⅥ	1位
				F.ロイクス／S.スミーツ	三菱カリスマGTエボリューションⅥ	8位
	第10戦	ラリーフィンランド	フィンランド	F.ロイクス／S.スミーツ	三菱カリスマGTエボリューションⅥ	10位
				T.マキネン／R.マニセンマキ	三菱ランサーエボリューションⅥ	リタイア
	第11戦	チャイナラリー	中国	G.トゥレース／M.チェリスティ	三菱ランサーエボリューションV	8位
				田口勝彦／R.テオウ	三菱ランサーエボリューションⅥ	9位
				T.マキネン／R.マニセンマキ	三菱ランサーエボリューションⅥ	リタイア
				F.ロイクス／S.スミーツ	三菱カリスマGTエボリューションⅥ	リタイア
	第12戦	ラリーサンレモ	イタリア	T.マキネン／R.マニセンマキ	三菱ランサーエボリューションⅥ	1位
				F.ロイクス／S.スミーツ	三菱カリスマGTエボリューションⅥ	4位
	第13戦	ラリーオーストラリア	オーストラリア	T.マキネン／R.マニセンマキ	三菱ランサーエボリューションⅥ	3位
				F.ロイクス／S.スミーツ	三菱カリスマGTエボリューションⅥ	4位
	第14戦	ラリーGB	イギリス	F.ロイクス／S.スミーツ	三菱カリスマGTエボリューションⅥ	5位
				T.マキネン／R.マニセンマキ	三菱ランサーエボリューションⅥ	リタイア

開催年	ラウンド	イベント名	開催国	ドライバー／コドライバー	マシン	総合リザルト
2000年	第1戦	ラリーモンテカルロ	モナコ	T.マキネン／R.マニセンマキ	三菱ランサーエボリューションVI	1位
				F.ロイクス／S.スミーツ	三菱カリスマGTエボリューションVI	6位
	第2戦	スウェディッシュラリー	スウェーデン	T.マキネン／R.マニセンマキ	三菱カリスマGTエボリューションVI	2位
				F.ロイクス／S.スミーツ	三菱カリスマGTエボリューションVI	8位
	第3戦	サファリラリー	ケニア	C-M.メンジ／E.ガリンド	三菱カリスマGTエボリューションVI	9位
				T.マキネン／R.マニセンマキ	三菱ランサーエボリューションVI	リタイア
				F.ロイクス／S.スミーツ	三菱カリスマGTエボリューションVI	リタイア
	第4戦	ラリーポルトガル	ポルトガル	F.ロイクス／S.スミーツ	三菱カリスマGTエボリューションVI	6位
				T.マキネン／R.マニセンマキ	三菱ランサーエボリューションVI	リタイア
	第5戦	ラリーカタルーニャ	スペイン	T.マキネン／R.マニセンマキ	三菱ランサーエボリューションVI	4位
				F.ロイクス／S.スミーツ	三菱カリスマGTエボリューションVI	8位
	第6戦	ラリーアルゼンチーナ	アルゼンチン	T.マキネン／R.マニセンマキ	三菱ランサーエボリューションVI	3位
				F.ロイクス／S.スミーツ	三菱カリスマGTエボリューションVI	5位
	第7戦	アクロポリスラリー	ギリシャ	G.ポッゾ／O-R.アメリオ	三菱ランサーエボリューションVI	11位
				T.マキネン／R.マニセンマキ	三菱ランサーエボリューションVI	リタイア
				F.ロイクス／S.スミーツ	三菱カリスマGTエボリューションVI	リタイア
	第8戦	ラリーニュージーランド	ニュージーランド	M.ストール／P.ミュラー	三菱ランサーエボリューションVI	7位
				T.マキネン／R.マニセンマキ	三菱ランサーエボリューションVI	リタイア
				F.ロイクス／S.スミーツ	三菱カリスマGTエボリューションVI	リタイア
	第9戦	ラリーフィンランド	フィンランド	T.マキネン／R.マニセンマキ	三菱ランサーエボリューションVI	4位
				F.ロイクス／S.スミーツ	三菱カリスマGTエボリューションVI	リタイア
	第10戦	キプロスラリー	キプロス	T.マキネン／R.マニセンマキ	三菱ランサーエボリューションVI	5位
				F.ロイクス／S.スミーツ	三菱カリスマGTエボリューションVI	8位
	第11戦	ツール・ド・コルス	フランス	T.マキネン／R.マニセンマキ	三菱ランサーエボリューションVI	リタイア
				F.ロイクス／S.スミーツ	三菱カリスマGTエボリューションVI	リタイア
	第12戦	ラリーサンレモ	イタリア	T.マキネン／R.マニセンマキ	三菱ランサーエボリューションVI	3位
				F.ロイクス／S.スミーツ	三菱カリスマGTエボリューションVI	8位
	第13戦	ラリーオーストラリア	オーストラリア	田口勝彦／B.ウィリス	三菱ランサーエボリューションVI	10位
				T.マキネン／R.マニセンマキ	三菱ランサーエボリューションVI	リタイア
				F.ロイクス／S.スミーツ	三菱カリスマGTエボリューションVI	リタイア
	第14戦	ラリーGB	イギリス	T.マキネン／R.マニセンマキ	三菱ランサーエボリューションVI	3位
				F.ロイクス／S.スミーツ	三菱カリスマGTエボリューションVI	リタイア
2001年	第1戦	ラリーモンテカルロ	モナコ	T.マキネン／R.マニセンマキ	三菱ランサーエボリューション6.5	1位
				F.ロイクス／S.スミーツ	三菱カリスマGTエボリューションVI	6位
	第2戦	スウェディッシュラリー	スウェーデン	T.ラドストローム／T.ターナー	三菱カリスマGTエボリューションVI	2位
				F.ロイクス／S.スミーツ	三菱カリスマGTエボリューションVI	13位
				T.マキネン／R.マニセンマキ	三菱ランサーエボリューション6.5	リタイア
	第3戦	ラリーポルトガル	ポルトガル	T.マキネン／R.マニセンマキ	三菱ランサーエボリューション6.5	1位
				F.ロイクス／S.スミーツ	三菱カリスマGTエボリューションVI	リタイア
	第4戦	ラリーカタルーニャ	スペイン	T.マキネン／R.マニセンマキ	三菱ランサーエボリューション6.5	3位
				F.ロイクス／S.スミーツ	三菱カリスマGTエボリューションVI	4位
	第5戦	ラリーアルゼンチーナ	アルゼンチン	T.マキネン／R.マニセンマキ	三菱ランサーエボリューション6.5	4位
				F.ロイクス／S.スミーツ	三菱カリスマGTエボリューションVI	6位
	第6戦	キプロスラリー	キプロス	F.ロイクス／S.スミーツ	三菱カリスマGTエボリューションVI	5位
				T.マキネン／R.マニセンマキ	三菱ランサーエボリューション6.5	リタイア
	第7戦	アクロポリスラリー	アクロポリス	T.マキネン／R.マニセンマキ	三菱ランサーエボリューション6.5	4位
				F.ロイクス／S.スミーツ	三菱カリスマGTエボリューションVI	9位
	第8戦	サファリラリー	ケニア	T.マキネン／R.マニセンマキ	三菱ランサーエボリューション6.5	1位
				F.ロイクス／S.スミーツ	三菱カリスマGTエボリューションVI	5位
	第9戦	ラリーフィンランド	フィンランド	F.ロイクス／S.スミーツ	三菱カリスマGTエボリューションVI	10位
				T.マキネン／R.マニセンマキ	三菱ランサーエボリューション6.5	リタイア
				T.ガルデマイスター／P.ルカンダー	三菱カリスマGTエボリューションVI	リタイア

開催年	ラウンド	イベント名	開催国	ドライバー／コドライバー	マシン	総合リザルト
2001年	第10戦	ラリーニュージーランド	ニュージーランド	T.マキネン／R.マニセンマキ	三菱ランサーエボリューション6.5	8位
				F.ロイクス／S.スミーツ	三菱カリスマGTエボリューションⅥ	11位
				T.ガルデマイスター／P.ルカンダー	三菱カリスマGTエボリューションⅥ	15位
	第11戦	ラリーサンレモ	イタリア	F.ロイクス／S.スミーツ	三菱ランサーWRC	12位
				T.マキネン／R.マニセンマキ	三菱ランサーWRC	リタイア
	第12戦	ツール・ド・コルス	フランス	F.ロイクス／S.スミーツ	三菱ランサーWRC	12位
				T.マキネン／R.マニセンマキ	三菱ランサーWRC	リタイア
	第13戦	ラリーオーストラリア	オーストラリア	T.マキネン／R.マニセンマキ	三菱ランサーWRC	6位
				F.ロイクス／S.スミーツ	三菱ランサーWRC	11位
	第14戦	ラリーGB	イギリス	T.マキネン／R.マニセンマキ	三菱ランサーWRC	リタイア
				F.ロイクス／S.スミーツ	三菱ランサーWRC	リタイア
2002年	第1戦	ラリーモンテカルロ	モナコ	F.デルクール／D.グラタルー	三菱ランサーWRC	9位
				A.マクレー／D.セニアー	三菱ランサーWRC	14位
	第2戦	スウェディッシュラリー	スウェーデン	A.マクレー／D.セニアー	三菱ランサーWRC	5位
				J.パーソネン／A.カパネン	三菱ランサーWRC	14位
	第3戦	ツール・ド・コルス	フランス	F.デルクール／D.グラタルー	三菱ランサーWRC	7位
				A.マクレー／D.セニアー	三菱ランサーWRC	10位
	第4戦	ラリーカタルーニャ	スペイン	F.デルクール／D.グラタルー	三菱ランサーWRC	9位
				A.マクレー／D.セニアー	三菱ランサーWRC	13位
	第5戦	キプロスラリー	キプロス	F.デルクール／D.グラタルー	三菱ランサーWRC	13位
				A.マクレー／D.セニアー	三菱ランサーWRC	リタイア
				J.パーソネン／A.カパネン	三菱ランサーWRC	リタイア
	第6戦	ラリーアルゼンチーナ	アルゼンチン	A.マクレー／D.セニアー	三菱ランサーWRC	8位
				F.デルクール／D.グラタルー	三菱ランサーWRC	リタイア
	第7戦	アクロポリスラリー	アクロポリス	F.デルクール／D.グラタルー	三菱ランサーWRC	11位
				A.マクレー／D.セニアー	三菱ランサーWRC	リタイア
	第8戦	サファリラリー	ケニア	A.マクレー／D.セニアー	三菱ランサーWRC	9位
				F.デルクール／D.グラタルー	三菱ランサーWRC	リタイア
	第9戦	ラリーフィンランド	フィンランド	J.パーソネン／A.カパネン	三菱ランサーWRC2	8位
				F.デルクール／D.グラタルー	三菱ランサーWRC2	リタイア
				A.マクレー／D.セニアー	三菱ランサーWRC2	リタイア
	第10戦	ラリードイチェラント	ドイツ	F.デルクール／D.グラタルー	三菱ランサーWRC2	9位
				A.マクレー／D.セニアー	三菱ランサーWRC2	リタイア
	第11戦	ラリーサンレモ	イタリア	F.デルクール／D.グラタルー	三菱ランサーWRC2	10位
				A.マクレー／D.セニアー	三菱ランサーWRC2	リタイア
	第12戦	ラリーニュージーランド	ニュージーランド	F.デルクール／D.グラタルー	三菱ランサーWRC2	9位
				J.パーソネン／A.カパネン	三菱ランサーWRC2	リタイア
	第13戦	ラリーオーストラリア	オーストラリア	J.パーソネン／A.カパネン	三菱ランサーWRC2	9位
				F.デルクール／D.グラタルー	三菱ランサーWRC2	リタイア
	第14戦	ラリーGB	イギリス	F.デルクール／D.グラタルー	三菱ランサーWRC2	リタイア
				J.デール／A.バーゲリー	三菱ランサーWRC2	リタイア
				J.パーソネン／A.カパネン	三菱ランサーWRC2	リタイア
2004年	第1戦	ラリーモンテカルロ	モナコ	G.パニッツィ／H.パニッツィ	三菱ランサーWRC04	6位
				G.ガリ／G.ドゥアモーレ	三菱ランサーWRC04	リタイア
	第2戦	スウェディッシュラリー	スウェーデン	G.パニッツィ／H.パニッツィ	三菱ランサーWRC04	リタイア
				K.ソルベルグ／K.リンドストローム	三菱ランサーWRC04	リタイア
	第3戦	ラリーメキシコ	メキシコ	G.パニッツィ／H.パニッツィ	三菱ランサーWRC04	8位
				G.ガリ／G.ドゥアモーレ	三菱ランサーWRC04	リタイア
	第4戦	ラリーニュージーランド	ニュージーランド	G.パニッツィ／H.パニッツィ	三菱ランサーWRC04	リタイア
				K.ソルベルグ／K.リンドストローム	三菱ランサーWRC04	リタイア
	第5戦	キプロスラリー	キプロス	G.パニッツィ／H.パニッツィ	三菱ランサーWRC04	リタイア
				K.ソルベルグ／K.リンドストローム	三菱ランサーWRC04	リタイア

開催年	ラウンド	イベント名	開催国	ドライバー／コドライバー	マシン	総合リザルト
2004年	第6戦	アクロポリスラリー	アクロポリス	G.パニッツィ／H.パニッツィ	三菱ランサーWRC04	10位
				D.ソラ／C.X.アミーゴ	三菱ランサーWRC04	リタイア
	第7戦	ラリーターキー	トルコ	G.ガリ／G.ドゥアモーレ	三菱ランサーWRC04	10位
				G.パニッツィ／H.パニッツィ	三菱ランサーWRC04	リタイア
	第8戦	ラリーアルゼンチーナ	アルゼンチン	G.パニッツィ／H.パニッツィ	三菱ランサーWRC04	7位
				K.ソルベルグ／K.リンドストローム	三菱ランサーWRC04	リタイア
	第9戦	ラリーフィンランド	フィンランド	G.パニッツィ／H.パニッツィ	三菱ランサーWRC04	11位
				K.ソルベルグ／K.リンドストローム	三菱ランサーWRC04	リタイア
	第10戦	ラリードイチェランド	ドイツ	G.パニッツィ／H.パニッツィ	三菱ランサーWRC04	リタイア
				D.ソラ／C.X.アミーゴ	三菱ランサーWRC04	リタイア
	第15戦	ラリーカタルーニャ	スペイン	D.ソラ／C.X.アミーゴ	三菱ランサーWRC04	6位
				G.ガリ／G.ドゥアモーレ	三菱ランサーWRC04	12位
2005年	第1戦	ラリーモンテカルロ	モナコ	G.パニッツィ／H.パニッツィ	三菱ランサーWRC05	3位
				H.ロバンペラ／R.ピエティライネン	三菱ランサーWRC05	7位
	第2戦	スウェディッシュラリー	スウェーデン	H.ロバンペラ／R.ピエティライネン	三菱ランサーWRC05	4位
				G.ガリ／G.ドゥアモーレ	三菱ランサーWRC05	7位
	第3戦	ラリーメキシコ	メキシコ	H.ロバンペラ／R.ピエティライネン	三菱ランサーWRC05	5位
				G.パニッツィ／H.パニッツィ	三菱ランサーWRC05	8位
	第4戦	ラリーニュージーランド	ニュージーランド	G.ガリ／G.ドゥアモーレ	三菱ランサーWRC05	8位
				H.ロバンペラ／R.ピエティライネン	三菱ランサーWRC05	リタイア
	第5戦	ラリーサルディニア	イタリア	H.ロバンペラ／R.ピエティライネン	三菱ランサーWRC05	リタイア
				G.ガリ／G.ドゥアモーレ	三菱ランサーWRC05	リタイア
	第6戦	キプロスラリー	キプロス	H.ロバンペラ／R.ピエティライネン	三菱ランサーWRC05	7位
				G.パニッツィ／H.パニッツィ	三菱ランサーWRC05	11位
	第7戦	ラリーターキー	トルコ	G.ガリ／G.ドゥアモーレ	三菱ランサーWRC05	8位
				H.ロバンペラ／R.ピエティライネン	三菱ランサーWRC05	10位
	第8戦	アクロポリスラリー	アクロポリス	H.ロバンペラ／R.ピエティライネン	三菱ランサーWRC05	6位
				G.ガリ／G.ドゥアモーレ	三菱ランサーWRC05	7位
	第9戦	ラリーアルゼンチーナ	アルゼンチン	H.ロバンペラ／R.ピエティライネン	三菱ランサーWRC05	5位
				G.ガリ／G.ドゥアモーレ	三菱ランサーWRC05	リタイア
	第10戦	ラリーフィンランド	フィンランド	H.ロバンペラ／R.ピエティライネン	三菱ランサーWRC05	7位
				G.ガリ／G.ドゥアモーレ	三菱ランサーWRC05	リタイア
	第11戦	ラリードイチェランド	ドイツ	G.ガリ／G.ドゥアモーレ	三菱ランサーWRC05	5位
				H.ロバンペラ／R.ピエティライネン	三菱ランサーWRC05	10位
	第12戦	ラリーGB	イギリス	H.ロバンペラ／R.ピエティライネン	三菱ランサーWRC05	4位
				G.ガリ／G.ドゥアモーレ	三菱ランサーWRC05	14位
	第13戦	ラリージャパン	日本	H.ロバンペラ／R.ピエティライネン	三菱ランサーWRC05	5位
				G.パニッツィ／H.パニッツィ	三菱ランサーWRC05	11位
				G.ガリ／G.ドゥアモーレ	三菱ランサーWRC05	リタイア
	第14戦	ツール・ド・コルス	フランス	G.ガリ／G.ドゥアモーレ	三菱ランサーWRC05	9位
				H.ロバンペラ／R.ピエティライネン	三菱ランサーWRC05	10位
				G.パニッツィ／H.パニッツィ	三菱ランサーWRC05	リタイア
	第15戦	ラリーカタルーニャ	スペイン	H.ロバンペラ／R.ピエティライネン	三菱ランサーWRC05	10位
				G.ガリ／G.ドゥアモーレ	三菱ランサーWRC05	リタイア
	第16戦	ラリーオーストラリア	オーストラリア	H.ロバンペラ／R.ピエティライネン	三菱ランサーWRC05	2位
				G.ガリ／G.ドゥアモーレ	三菱ランサーWRC05	5位

■取材協力および写真提供（順不同・敬称略）
　三菱自動車工業株式会社
　富士スピードウェイ株式会社
　篠塚建次郎
　株式会社東京映像社

■参考文献
　『三菱自動車工業株式会社史』（三菱自動車工業株式会社、1993 年）
　『History of the Pajero/Montero's 26-YEAR』（三菱自動車工業株式会社、2008 年）
　岡崎五朗『パリ〜ダカ　パジェロ開発記』（グランプリ出版、1995 年）
　篠塚建次郎『ラリーバカ一代』（日経 BP 社、2006 年）
　『WRC plus』バックナンバー（三栄書房）
　『LANCER EVOLUTION のすべて』（三栄書房、2013 年）
　「各種カタログ、宣伝用冊子類、広報資料」

あとがき

　筆者は2010年1月に『STI 20年の軌跡』(三樹書房) を上梓した。スバルのモータースポーツ統括会社、STI (スバルテクニカインターナショナル) の活動をまとめたもので、読者の支持を得て、改訂を続けながら版を重ねている。この『STI 20年の軌跡』刊行の後に筆者が企画したのが、ラリーアートの25年の軌跡を書籍にまとめるというものであった。

　三菱のモータースポーツ統括会社として1984年に設立されたラリーアートは、WRCやダカールラリーなどのワークス活動に参画していたほか、スポーツパーツの開発、特別仕様車のプロデュースなども手掛けていた。さらにWRCでは長年にわたって "三菱×ラリーアード" は、"スバル×STI" のライバルとして対峙しており、その歴史を書籍にまとめておくことは大変意義のあることと考え、その準備を進めていたところ、残念ながらラリーアートは2010年3月をもって活動を休止し、この計画も一時棚上げとなっていたのである。

　その後、しばらく三菱はモータースポーツ活動を休止していたが、2012年にパイクスピーク・インターナショナル・ヒルクライムへの参戦を開始したほか、2013年にはアジアンクロスカントリーラリーへのチャレンジも開始。さらに2015年にはバハ・ポルタレグレ500に参戦するなど、電気自動車やプラグインハイブリッド車両でモータースポーツ活動を再開した。その活動も長くは続かなかったが、2021年5月、三菱はラリーアートブランドの復活を発表。2022年3月にはアクセサリーパーツの販売を開始したほか、11月にはワークスチームの「チーム三菱ラリーアート」としてアジアンクロスカントリーラリーに参戦すると発表した。ひとりのモータースポーツファンとしてラリーアートの "第二章" が楽しみでならない。

　活動の再開に合わせて、これまで準備してきた内容に加え、新たな取材や調査内容を盛り込んで、三菱のモータースポーツ活動の歴史をまとめたものが本書である。その活動は、WRCとダカールラリーが代名詞となるが、なかでもダカールラリーでは通算12回の総合優勝を獲得している。おりしも2022年は1982年にデビューした三菱パジェロの生誕40周年にあたるが、三菱がこの名車で築いてきたリザルトは前例のない金字塔である。この記録はいまもなお破られていない。

　もちろん、合計34勝をはじめとするWRCでの活躍も三菱のモータースポーツ活動を語る時に欠かせないことであり、黎明期における国内外のツーリングカーレースやフォーミュラカーレースも改めてクローズアップしたい "原点" である。

　本書ではダカールラリーを中心に、三菱が駆け抜けてきたモータースポーツの足跡をたどった。その軌跡は紆余曲折を経て、長らく "足踏み" していたが、ラリーアートの復活に合わせて再始動したモータースポーツ活動の新たなページへ繋がっていくに違いない。

　なお、本書をまとめるにあたって多くの方々にご協力をいただいた。ドライバーおよび監督を務めてきた増岡浩氏には、これまでの足跡を語っていただき、さらには巻頭言をお寄せいただいた。エンジニアの方々をはじめ、モータースポーツ活動に従事してこられた三菱の関係者にも当時の思い出をお聞きした。そのほか、三菱を経て様々なチームで活躍するようになった篠塚建次郎氏にも貴重なエピソードを語っていただいた。

　また、株式会社グランプリ出版の小林謙一氏、山田国光氏、松田信也氏にも企画構成の段階からアドバイスをいただき、編集作業でもご苦労をおかけした。

　この場を借りてご協力をいただいた方々に感謝の意を表したい。

廣本　泉

〈著者紹介〉

廣本 泉 (ひろもと・いずみ)

1974年、福岡県に生まれる。

1995年よりモータースポーツ専門誌の編集に携わり、2001年よりフリーランスの
ジャーナリスト、編集者として活動を開始。国内のみならず、WRC(世界ラリー選
手権)やWTCC(世界ツーリングカー選手権)、DTM(ドイツツーリングカー選手
権)、ニュルブルクリンク24時間レースなど海外でも積極的な取材を行っている。主
にモータースポーツ専門誌、自動車情報誌に寄稿。近年はレポート執筆のみなら
ず、撮影も実施しており、さまざまな媒体に寄稿するほか、自動車メーカーやパー
ツメーカーの広告、webサイトなども手がけている。

著書にSTIの活動をまとめた『STI 20年の軌跡』『STI スバルブランドを世界
に響かせた25年』『STI 苦闘と躍進の30年』『STIコンプリートカー スバルモー
タースポーツ活動の技術を結集したモデル』(いずれも三樹書房)がある。

JMS(日本モータースポーツ記者会)会員。

三菱モータースポーツ史
ダカールラリーを中心として

著 者		廣本 泉
発行者		山田国光

発行所	**株式会社グランプリ出版**
	〒101-0051 東京都千代田区神田神保町1-32
	電話 03-3295-0005代 FAX 03-3291-4418
	振替 00160-2-14691

印刷・製本	モリモト印刷株式会社